JIA 娃娃改妝課

| 注意事項 |

1 本書使用的改妝方法都是以 Baby doll 為基準。此書示範改妝的是六分娃。不同種類的
　 Baby doll，畫出來的感覺也會有所差異。

2 為了方便理解顏色變化和上色方法，本書和實際上課時一樣，以圖片進行說明。

3 改妝顏料中，水性色鉛筆的色號是以輝柏（Faber-Castell）水性色鉛筆為基準，壓克力
　 顏料的色號是以 ALPHA 壓克力顏料為基準，為了方便理解，部分顏色名稱做了更改。
　 即使品牌不一樣，也可以使用感覺類似的顏色。

4 在每個 Part 的首頁皆附上實際替 Baby doll 改妝的影片 QR code，以供參考。

打造世界上獨一無二、只屬於我的 Baby doll

JIA 娃娃改妝課

金志娥 著

PROLOGUE

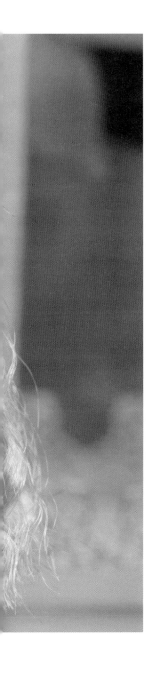

"你是怎麼開始這份工作的？"
"這些東西是在哪裡學的？"

這是我從事改妝的工作以來，最常聽到的兩個問題。

我從小就很喜歡畫畫。

尤其是畫漫畫主角的臉或似顏繪。高中也是故意報考有設計科的學校，自然而然就進了美術大學。大學畢業之後還經營了似顏繪咖啡廳。

後來偶然間透過妹妹得知「娃娃改妝」的事情。

在什麼都不懂的情況下開始進行的娃娃改妝工作，是將原本只畫在平面上的東西畫成立體的，這是一個嶄新的新世界。

我可以隨心所欲地用色鉛筆在娃娃的臉上畫草稿，然後用顏料上色，替娃娃添加生氣，從那個時候開始，我覺得娃娃不再只是娃娃，而是一個可靠的朋友。

我就這樣深深陷在娃娃改妝的魅力之中。

畫娃娃的臉不是單純的畫臉而已。

改妝後具有各種表情的娃娃們，有時候像朋友，有時候又像小孩，光是看著自己完成的可愛娃娃們，幸福感就湧了上來。

彷彿在無聊的日常生活中，每天都有新朋友出現。

變化還不只於此。「娃娃」成為一個紐帶，讓我開始結交一些可以一起分享喜悅的新朋友。因為有共同關心的事物，所以更容易溝通、產生共鳴；因為從中感覺到安定和快樂，所以生活變得更加有活力。

如此美好的「娃娃改妝」，我想讓更多人知道，所以我經營工坊並舉辦教學課程。

然而，因為繁忙的日程，使我無法和大家一一相見，令我感到非常遺憾，於是這本書就這樣誕生了。

我剛開始的時候很難找到娃娃改妝的書，現在還是一樣。

因此，它成了連想要一個人一點一點地試看看都不敢想的興趣。

雖然不知道別人會怎麼做，但是我努力地以我的授課課程為基礎，盡可能詳細地展示和說明。

我覺得只用圖片說明好像還是有所侷限，所以我附上連結我的 YouTube 影片的 QR code，提供給各位做參考。另外，為了不擅長使用顏料的完全初學者，我在附錄裡收錄了只用色鉛筆就能進行改妝的方法。年輕的讀者或完全初學者，最好是先用色鉛筆練習看看。

因為是第一本書，所以有很多不完善的地方，但我還是希望這本書能對喜歡娃娃的人、對改妝有興趣的人有所幫助。

現在是興趣可以成為工作的時代了，就像我這樣。

我也透過改妝課程，發現了未知的潛能，作為一名娃娃改妝師，我也看到身邊有很多展開第二人生的人。

我覺得即使沒有為了成為什麼，娃娃改妝本身也是一種幸福，它可以將這種幸福散播給身邊的人，是世界上最幸福的興趣。

和這本書一起展開世界上最幸福的興趣吧！

金志娥 JIA

CONTENTS

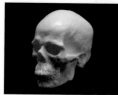 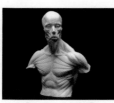  

什麼是娃娃改妝

"改妝（Re-painting）"是"重新畫過"的意思。

因此，"娃娃改妝"是指將娃娃原本的妝容卸除，並且重新畫上新妝容的工作。

光是聽我這樣說，可能會覺得很生疏、很難懂，但是一到寒暑假，就會有小學生、中學生跑來報名上課，所以並沒有想像中困難。而且擁有只屬於自己的娃娃，是多麼令人開心的一件事啊！

利用藥局販售的去光水，就能輕鬆地將娃娃臉上的妝容卸除。然後利用水性色鉛筆和壓克力顏料，有時候也會用粉彩，隨心所欲地在臉上畫，這樣就完成了。

每個人都有一張與眾不同的臉，而且可以做出各式各樣的表情。但是，從工廠印製出來的同一款娃娃，全部都是一樣的臉。這種替娃娃畫出新臉的事情，好像跟尋找新的自我一樣。即使是依照相同的技法畫，也會因為畫的人或當時的情況、環境而產生不一樣的地方。正是這種差異賦予了娃娃特別的自我。

試著為面無表情或表情相同的娃娃畫出充滿個人情感的各種表情吧。畫微笑的孩子時，我會在不知不覺中一邊笑一邊畫；畫生氣的孩子或哭泣的孩子時，我也會跟著皺起眉頭。有時候會為了呈現出臉部肌肉的動向，我會故意做表情，雖然這麼做確實是可以畫出更加生動的表情，但是當我意識到自己在無形中做出相同的表情時，就會莫名其妙地笑出來。然後在這個過程中，不知不覺就和那個娃娃成為最要好的朋友。

雖然有些人是因為想要讓娃娃變得更漂亮而進行改妝，但是打聽之後發現，有更多的人是因為想要擁有只屬於自己的娃娃。大部分的娃娃本身就已經製作得很漂亮了。但是藉由生疏的手藝進行改妝之後，即使眉毛好像有點歪歪的、眼線看起來有點暈開，這個娃娃仍然是世界上最漂亮且最珍貴的娃娃。因為它是世界上獨一無二、只屬於自己的娃娃。

現在，您準備好跟只屬於自己的娃娃見面了嗎？

從現在起，我將循序漸進地告訴您娃娃改妝的方法。

改妝工具和使用方法

基本工具

去光水

用來卸除娃娃臉上原本的妝。可以到藥局或透過網路購買。裝到按壓瓶裡，使用起來會更方便。用科技海綿沾取後使用即可。

科技海綿及棉花棒

雖然用化妝棉也可以卸除，但是用常用於清潔工作的科技海綿沾取去光水，可以卸除得更乾淨。在畫草稿以及上色過程中，需要修改或清除線條時，也可用來代替橡皮擦。需要清除或修改小面積時，用棉花棒會比較方便。

消光保護漆

卸妝之後、上色完成之後都噴一下保護漆，可以更安全地進行改妝工作。在距離臉部 20～30cm 處均勻地噴灑保護漆，只要噴個兩三次，出現濕潤的感覺即可。如果噴得太多，會很容易產生裂紋。噴完保護漆之後，用迷你電扇或吹風機吹，很快就會乾了。我主要是使用日本 Mr. HOBBY 出產的 SUPER CLEAR，可以在網路上購買。

圓形貼紙

大創或文具店都可以買到的圓形貼紙，畫眼珠的時候非常好用。我主要是使用直徑 1.6cm 的，想要畫大眼珠的時候會使用直徑 1.9cm 的。

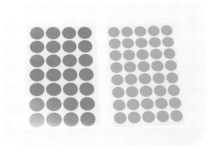

點珠筆

常常用來在描圖紙上畫圖或美甲的點珠筆，輕輕地沾取白色壓克力顏料後，可以畫出使娃娃眼珠變得更加閃亮的點點。

水彩筆

由於水彩筆是依照用途分類，因此有幾支不同類型的筆就能靈活應用。使用水彩筆的時候，一定要由上往下塗。

❶ 尖圓頭（0 號）

主要用來畫虹膜，也可以用來畫細線和點點。我用的是 HWAHONG 365 的 0 號。

❷ 扁斜頭

用來塗眼珠的底色。我用的是 BABARA 2950 的 1／6 號。

❸ 扁圓頭

很適合沾取粉彩來上色。我用的是 BABARA 2600－KFG 4 號，但是也可以使用一般市面上的 5mm 扁平頭水彩筆。

❹ 小扁平頭

主要是用來沾取黑色粉彩。我用的是 BABARA 2600SGB 0 號，但是也可以使用一般市面上的 2mm 扁平頭水彩筆。

❺ 粉底刷

使用 2cm 左右的粉底刷即可。

上色工具

水性色鉛筆

本書使用的是 Faber-Castell 的 Albrecht Durer 水性色
鉛筆。色號也是以這款色鉛筆為基準來註記。有幾個可
以隨心所欲地自由運用或是用來當基底的顏色。褐色
（283）主要是用來畫草稿。古銅色（177）主要是用
來加深眉毛陰影。黑色（199）主要是用來畫眼線和瞳
孔。珊瑚紅（130）主要是用來呈現瞼緣，除此之外，
用來調整色調的白色（101）也是必備的色鉛筆之一。
利用色鉛筆畫出漸層的時候，請像疊層那樣從深色畫到
淺色。

壓克力顏料

使用壓克力顏料進行改妝時，請加入很多水將它稀釋，用水
彩筆沾取後，塗上淡淡的顏色。必須淡淡地塗上好幾層，才
會形成較自然的顏色。本書使用的是 ALPHA 壓克力顏料，
色號也是以此為基準。因為大部分都是原色系列，所以要混
入黑色或白色壓克力顏料降低飽和度之後再使用，顏色才會
好看。

粉彩

用水彩筆沾取粉彩後要輕輕地抖一抖再上色，這樣才不會結成團
塊。不要想塗一次就完成，請淡淡地塗上好幾層。這時候，如果
先依照顏色磨在紙上再使用，呈現出來的顏色會更好看。如果將
使用方法想成化妝時使用的腮紅或眼影的概念，就會比較容易理
解。我用的是 REMBRANDT 粉彩。

開始改妝之前

開始進行娃娃改妝之前，我先簡短地介紹一下各個階段。
改妝的過程大致上可分為四個階段。
事先看過各個階段再開始改妝，會比較容易理解。

WARM UP ▶ STEP 1 ▶ STEP 2 ▶ STEP 3
卸妝　　　　畫草稿　　　　上色　　　　收尾

WARM UP 卸妝：將娃娃原有的妝卸除。由於這個階段是所有的娃娃改妝開始之前都適用，因此我只在這裡說明一次，以後進行所有的改妝過程之前都要先卸妝。（準備物品：去光水、科技海綿、消光保護漆）

01 用科技海綿沾取藥局販售的去光水或丙酮原液。

02 不要搓揉，用一次擦一下的方式卸除。擦拭到沒有妝之後，用乾的科技海綿輕輕擦一下。

03 請順著風向在距離約20～30cm 處噴灑適量保護漆。噴完保護漆之後用迷你電扇吹，很快就會乾了。

STEP 1 畫草稿：用壓克力顏料上色之前，利用水性色鉛筆畫出想要的表情。在這個階段，會一起畫出基本陰影。

STEP 2 上色：正式進行改妝工作。在這個階段，會用壓克力顏料畫出眼珠、瞳孔、虹膜。除了書上介紹的顏色，如果您使用了各種自己喜歡的顏色，就可以感受到和真正只屬於自己的娃娃相見的喜悅。

STEP 3 收尾：藉由修飾工作繪製出更加生動的臉。修飾完成後噴灑消光保護漆，就可以保存很久都不會掉妝。

改妝用語整理

進行改妝時，認識臉部的組成要素也是一種樂趣。
雖然大部分都是熟知的用詞，但還是有一些被混淆的部分，所以我稍微做了整理。

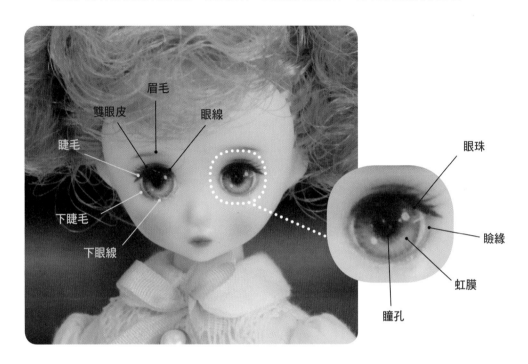

眉毛
雙眼皮
眼線
睫毛
下睫毛
下眼線
眼珠
瞼緣
虹膜
瞳孔

繪製瞳孔時需要注意的地方

瞳孔的扇形形狀會隨著眼珠的方向而改變。請參考下圖。

看左邊的時候	看正前方的時候	看右邊的時候
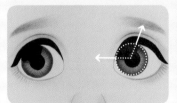	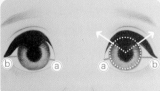	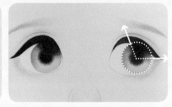
扇形是 9 點和 1 點鐘方向	將眼珠畫成稍微有點往中間靠攏， 使ⓐ比ⓑ窄， 扇形是 10 點和 2 點鐘方向	扇形是 11 點和 3 點鐘方向

CLASS 1

改變眼形

有時候圓圓的，有時候尖尖的，
光是改變眼形就能演繹出完全不同的感覺。
在這次的課程中，將挑戰繪製出各種風格，
從可愛又討喜的少女到冷漠的少女、神秘的少女。

請參考 Baby doll
改妝影片。

— 小狗眼形 —

可愛又討喜的少女

用小狗可愛的圓圓眼睛，
繪製出充滿可愛氣息的少女。
藉由最基本的型態，熟悉娃娃改妝的方法。

基本工具

去光水、科技海綿、消光保護漆、直徑 1.6cm 的圓形貼紙、水彩筆、點珠筆

上色工具

水性色鉛筆 玫瑰粉（124）、珊瑚紅（130）、古銅色（177）、黑色（199）、褐色（283）

壓克力顏料 白色（901）、紫色（941）、米色（971）、黑色（999）

粉彩 淺粉紅、淺褐色、紅色、黑色

娃娃

卸好妝的 Baby doll（請參考 p.16）

HOW TO
REPAINT

STEP 1
畫草稿

∞ 描繪眼線、眼珠

01 用黑色色鉛筆畫出眼線。上緣沿著凸起來的部分畫，下緣則是畫在比原本的眼線還要下面的位置，打造出厚重感。

02 將直徑 1.6cm 的圓形貼紙貼在兩隻眼睛上。請貼在中間偏左的位置。

03 用褐色色鉛筆沿著貼紙畫圓，然後把貼紙撕掉。

❧ 描繪雙眼皮、睫毛、眉毛

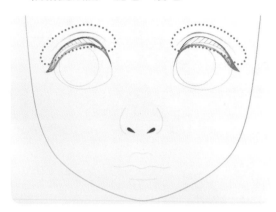

04 用古銅色色鉛筆在眼線上方畫出雙眼皮。從中間開始畫，並將中間顏色畫得最深，越往兩端顏色越淺。

> **TIP** 需要深邃感的部分用尖尖的色鉛筆在曲折之間豎立著畫。

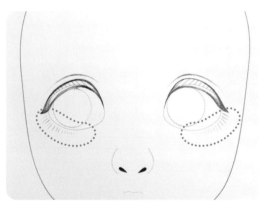

05 用褐色色鉛筆畫出下睫毛。以 1mm 為間距，從末端往中間畫，並逐漸縮短長度。

06 用褐色色鉛筆在眼睛上方畫出眉毛，從中間往兩端畫出眉毛的角度。眉毛的末端要跟眼尾對齊，前端要畫得比較淺。

> **TIP** 眉毛前端可以用科技海綿擦淺。

❦ 描繪嘴唇、瞼緣

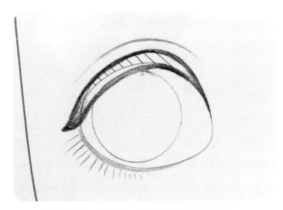

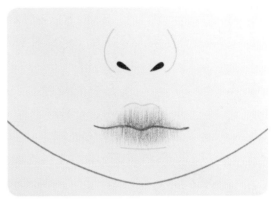

_07_　用珊瑚紅色鉛筆在下睫毛內側畫出瞼緣。

_08_　用玫瑰粉色鉛筆畫出嘴唇的中心線，接著再從嘴唇中央畫出垂直紋路。用珊瑚紅色鉛筆填補空隙。

❦ 描繪基本陰影

_09_　用水彩筆沾取淺褐色粉彩，畫出眼睛和鼻子的陰影。眉毛是前端畫得較淺、末端畫得較深；雙眼皮是中間畫得較深，往左右變淺；眼睛下方是內側畫得較淺、外側畫得較深。嘴唇是用紅色粉彩畫，中間畫得較深，往左右逐漸地變淺。

∞ 眼珠上色

<u>10</u> 在白色壓克力顏料中加入適量的水,攪拌成有點透明的狀態後,替眼白上色。先薄薄地塗上一層,等它變乾之後再塗一層,重複這個動作3～5次。

<u>11</u> 將黑色和白色壓克力顏料混入紫色壓克力顏料中,降低飽和度,接著加水稀釋,然後用扁平頭水彩筆替眼珠上色。

∞ 虹膜上色

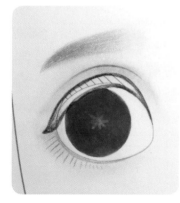 

<u>12</u> 在白色壓克力顏料中加入適量的水,然後在眼睛的中央畫出星號。

<u>13</u> 以步驟 12 的星號為中心,往外畫出淡淡的線條。邊緣留空約 2～3mm。重複 3 次左右,就會形成自然的漸層。

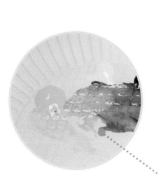

_14_ 將紫色和米色壓克力顏料混合，製造出中間色之後，像是要將步驟 _13_ 和底色連接起來那樣，以填滿空隙的感覺，淡淡地用線條上色。

_15_ 為了消除中間色和明亮色的界線，需再薄薄地塗上一層白色壓克力顏料。

∞ 瞳孔上色

_16_ 以眼珠的中央為基準，用黑色色鉛筆畫出長度為眼珠半徑長的十字，然後連接成圓形。

_17_ 用黑色色鉛筆將眼珠和眼線接觸的部分標示成扇形（9點和1點鐘方向）。

_18_ 用黑色壓克力顏料替黑色色鉛筆標示的瞳孔、扇形和眼線上色。淡淡地多塗幾次。

∞ **修飾眼睛**

<u>19</u> 用黑色壓克力顏料在扇形兩側畫上三、四條線，使扇形和眼珠自然地連接在一起。

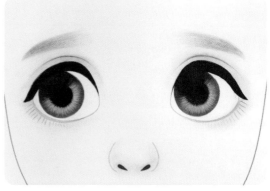

<u>20</u> 用黑色粉彩替瞳孔和扇形上色，使它們和眼珠連接起來。瞳孔邊緣也可以往外延伸 1mm 左右，使它們自然地連接在一起。

> **TIP** 如果用顏料很難延伸 1mm，也可以用色鉛筆上色。

<u>21</u> 用黑色色鉛筆修飾扇形連接到虹膜和瞳孔的部分。如果眼線不夠乾淨俐落，可以用黑色色鉛筆重新修飾線條。

<u>22</u> 利用點珠筆，以斜線方向點出和圖片中一樣的白點。

❀ 修飾眉毛、睫毛

23 用古銅色色鉛筆,由眉毛外側往內側畫斜線。
靠近中間的時候,請畫出好像往內集中的紋
路。用古銅色色鉛筆將下睫毛根部再畫深一
點,長度也要再次確認。

❀ 修飾其他

24 眉毛、雙眼皮以及下眼線用淺褐色粉彩再塗一
次。嘴唇也用紅色粉彩加深中間區域,然後用
淺粉紅粉彩塗上圓圓的腮紅。

冷漠的少女

只要眼尾微微往上翹，
就能完成突顯冷漠氣息的少女。
眼珠使用喜歡的顏色，演繹出各種風格。

基本工具

去光水、科技海綿、消光保護漆、直徑 1.6cm 的圓形貼紙、水彩筆、點珠筆

上色工具

水性色鉛筆 玫瑰粉（124）、珊瑚紅（130）、古銅色（177）、黑色（199）、褐色（283）

壓克力顏料 白色（901）、天空藍（931）、黑色（999）

粉彩 淺粉紅、淺褐色、紅色、黑色

娃娃

卸好妝的 Baby doll（請參考 p.16）

HOW TO
REPAINT

STEP 1
畫草稿

∞ 描繪眼線、眼珠

_01_ 用黑色色鉛筆畫出眼線。上緣畫在比原本更上面的位置，下緣則是畫在比原本更下面的位置，打造出厚重感。

_02_ 將直徑 1.6cm 的圓形貼紙貼在兩隻眼睛上。請貼在中間偏左的位置。

_03_ 用褐色色鉛筆沿著貼紙畫圓，然後把貼紙撕掉。

∞ 描繪雙眼皮、睫毛

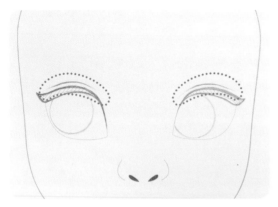 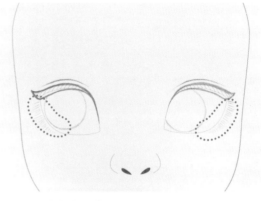

04 用古銅色色鉛筆在眼線上方畫出雙眼皮。從中間開始畫，並將中間顏色畫得最深，越往兩端顏色越淺。

> **TIP** 需要深邃感的部分用尖尖的色鉛筆在曲折之間豎立著畫。

05 用褐色色鉛筆畫出下睫毛。以 1mm 為間距，從末端往中間畫，並逐漸縮短長度。

∞ 描繪嘴唇、瞼緣

06 用珊瑚紅色鉛筆在下睫毛內側畫出瞼緣，並用玫瑰粉色鉛筆畫出嘴唇的中心線。

∞ 描繪眉毛

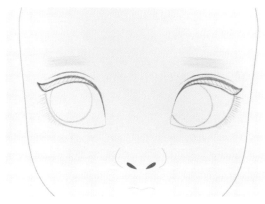

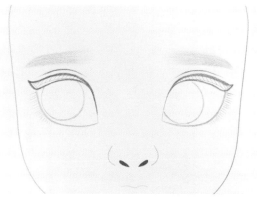

07 眉毛要畫成一字眉。用褐色色鉛筆從眼睛中間往兩端畫出一字。

08 眉毛的末端不要往下垂，直接延長到眉尾。前端要畫得比較淺，眉尾要用古銅色色鉛筆加深，呈現出漸層。

> **TIP** 眉毛前端可以用科技海綿擦淺。

∞ 描繪基本陰影

09 用水彩筆沾取淺褐色粉彩，畫出眼睛和鼻子的陰影。眉毛是前端畫得較淺、末端畫得較深；雙眼皮是中間畫得較深，往左右變淺；眼睛下方是內側畫得較淺、外側畫得較深。嘴唇是用紅色粉彩畫，中間畫得較深，往左右逐漸變淺。

∽ 眼珠上色

  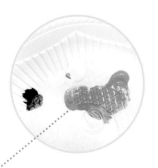

10 在白色壓克力顏料中加入適量的水,攪拌成有點透明的狀態後,替眼白上色。先薄薄地塗上一層,等它變乾之後再塗一層,重複這個動作3~5次。

11 將黑色和白色壓克力顏料混入天空藍壓克力顏料中,降低飽和度,接著加水稀釋,然後用扁平頭水彩筆替眼珠上色。

∽ 虹膜上色

12 用白色壓克力顏料,從眼珠中央往外畫出淡淡的線條。邊緣留空約 2~3mm。重複 3 次左右,就會形成自然的漸層。

13 將天空藍和白色壓克力顏料混合,製造出中間色之後,像是要將步驟 *12* 和底色連接起來那樣,以填滿空隙的感覺,淡淡地用線條上色。

14 為了消除中間色和明亮色的界線,需再薄薄地塗上一層白色壓克力顏料。

∞ 瞳孔上色

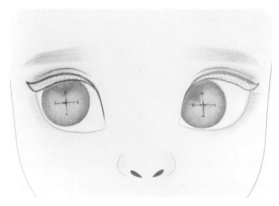

_15_ 以眼珠的中央為基準，用黑色色鉛筆畫出長度
為眼珠半徑長的十字，然後連接成圓形。

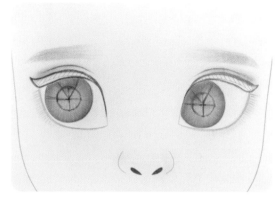

_16_ 用黑色色鉛筆將眼珠和眼線接觸的部分標示成
扇形（9點和1點鐘方向）。

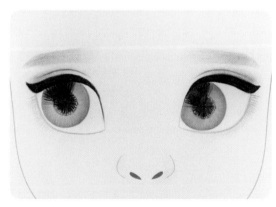

_17_ 用黑色壓克力顏料替黑色色鉛筆標示的瞳孔、
扇形和眼線上色。淡淡地多塗幾次。

∞ 修飾眼睛

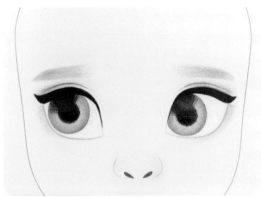

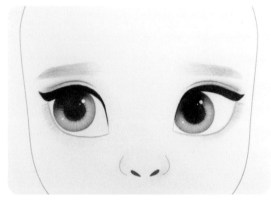

<u>18</u> 用黑色壓克力顏料在扇形兩側畫上三、四條線，使扇形和眼珠自然地連接在一起。瞳孔邊緣也往外延伸 1mm 左右，使它們自然地連接在一起。

> **TIP** 如果用顏料很難延伸 1mm，也可以用色鉛筆上色。

<u>19</u> 用黑色粉彩替瞳孔和扇形上色，使它們和眼珠連接起來。用黑色色鉛筆修飾扇形連接到虹膜和瞳孔的部分。利用點珠筆以斜線方向點出和圖片中一樣的白點。

∞ 修飾眉毛、睫毛

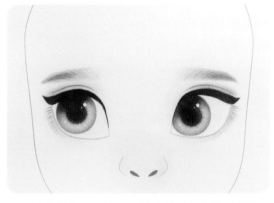

<u>20</u> 用古銅色色鉛筆將下睫毛根部再畫深一點，長度也要再次確認。

> **TIP** 如果長度太長，可以用科技海綿輕輕擦掉末端。

<u>21</u> 用古銅色色鉛筆，由眉毛外側往內側畫斜線。靠近中間的時候，請畫出好像往內側集中的紋路。

> **TIP** 眉毛末端顏色要比較深，這樣才自然。

∞ 修飾其他

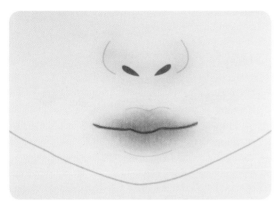

22 用珊瑚紅色鉛筆填補空隙，替嘴唇上色，然後
用淺粉紅粉彩輕輕地填滿顏色作為收尾。

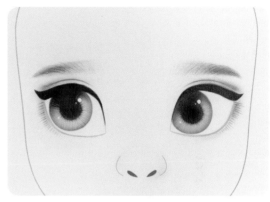

23 眼尾附近用褐色或古銅色色鉛筆再畫深一點，
畫成圖片中那樣。下眼線也是眼尾附近再稍微
畫深一點，這樣就能突顯小貓眼形的重點。

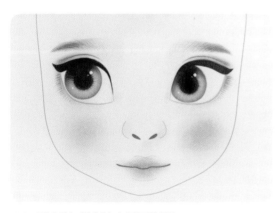

24 用淺粉紅粉彩塗上圓圓的腮紅。

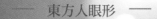

— 東方人眼形 —
神秘的少女

不必將眼睛變小，只要將眼尾拉長、
用黑色系列來表現眼珠，
就能營造出神秘東方人的感覺。

基本工具

去光水、科技海綿、消光保護漆、直徑 1.9cm 的圓形貼紙、水彩筆、點珠筆

上色工具

水性色鉛筆 玫瑰粉（124）、珊瑚紅（130）、古銅色（177）、黑色（199）、褐色（283）

壓克力顏料 白色（901）、深褐色（928）、黑色（999）

粉彩 淺粉紅、淺褐色、紅色、黑色

娃娃

卸好妝的 Baby doll（請參考 p.16）

HOW TO
REPAINT

STEP 1
畫草稿

❧ 描繪眼線

01 用黑色色鉛筆畫出眼線。上緣畫在比原本更上面的位置，下緣則是畫在凹槽的位置。只要對齊形成陰影的位置即可。

❧ 描繪雙眼皮、睫毛、瞼緣、嘴唇

02 用黑色色鉛筆在眼線上方畫出雙眼皮。將中間顏色畫得最深，越往兩端顏色越淺。用古銅色色鉛筆畫出下睫毛。用珊瑚紅色鉛筆畫出瞼緣並用玫瑰粉色鉛筆畫出嘴唇的中心線。

⚮ 描繪眉毛、眼珠

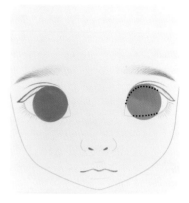

03 用褐色色鉛筆在眼睛上方畫出眉毛，從中間往兩端畫出眉毛的角度。眉毛也和眼形一樣，要畫得長長的。

> **TIP** 眉毛前端可以用科技海綿擦淺。

04 用古銅色色鉛筆以斜線畫眉毛。靠近中間的時候，請畫出好像往內集中的紋路。

05 將直徑 1.9cm 的圓形貼紙貼在兩隻眼睛上。請貼在正中間稍微往內側靠攏的位置，然後用褐色色鉛筆畫出眼珠。

⚮ 描繪基本陰影

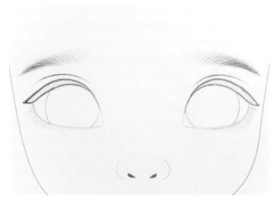

06 這是撕掉貼紙之後的樣子。確認兩隻眼睛內側的空白處是否相同。

07 用水彩筆沾取淺褐色粉彩，畫出眼睛和鼻子的陰影。眉毛是前端畫得較淺、末端畫得較深；雙眼皮是中間畫得較深，往左右變淺；眼睛下方是內側畫得較淺、外側畫得較深。嘴唇是用紅色粉彩畫，中間畫得較深，往左右逐漸變淺。

∞ 眼珠上色

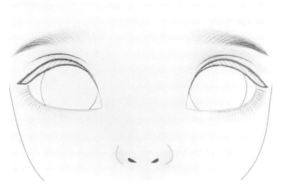 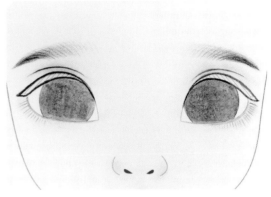

<u>08</u> 在白色壓克力顏料中加入適量的水,攪拌成有
點透明的狀態後,替眼白上色。先薄薄地塗上
一層,等它變乾之後再塗一層,重複這個動作
3～5次。

<u>09</u> 將深褐色壓克力顏料加水稀釋,然後用扁平頭
水彩筆替眼珠上色。

∞ 瞳孔上色

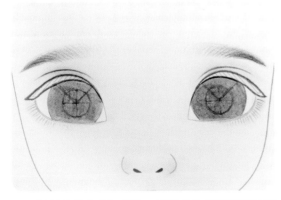 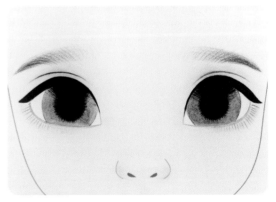

<u>10</u> 以眼珠的中央為基準,用黑色色鉛筆畫出長度
為眼珠半徑長的十字,然後連接成圓形。將眼
珠和眼線接觸的部分標示成扇形(10點和2點
鐘方向)。

<u>11</u> 用黑色壓克力顏料替色鉛筆標示的瞳孔、扇形
和眼線上色。淡淡地多塗幾次。

∞ 虹膜上色

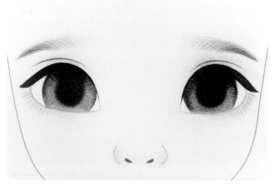

12 用深褐色壓克力顏料在扇形兩側畫細線。

13 用白色壓克力顏料替虹膜上色。底部要畫得很
明亮，兩側畫得淡淡的就好，而且兩側和邊緣
要有 2～3mm 的明顯間距。重複 2 次就會形成
自然的漸層。

14 將深褐色和白色壓克力顏料混合，製造出中間
色之後，像是要將步驟 *12* 和 *13* 連接起來那
樣，淡淡地用線條上色。但是請排除底部，只
塗兩側就好。

15 為了消除中間色和明亮色的界線，要再薄薄地
塗上一層白色壓克力顏料。

∞ 修飾眼睛

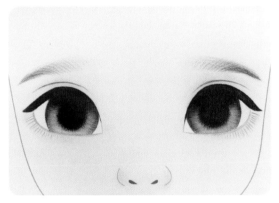

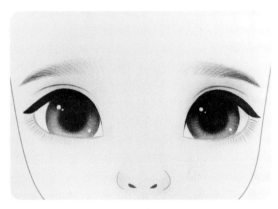

16 用黑色粉彩替瞳孔和扇形上色。用黑色色鉛筆修飾扇形連接到虹膜和瞳孔的部分。用古銅色色鉛筆將漸層畫得更柔和。

17 利用點珠筆,以斜線方向點出和圖片中一樣的白點。

∞ 修飾眉毛、睫毛

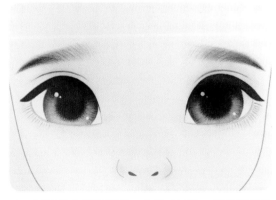

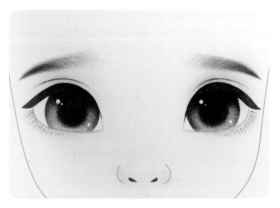

18 用黑色色鉛筆再畫一次眉毛紋路,接著用黑色粉彩將外側畫得較深,內側畫得較淺,好像有漸層的樣子。

19 用古銅色色鉛筆將下睫毛根部再畫深一點,並再次確認長度。

∞ 修飾其他

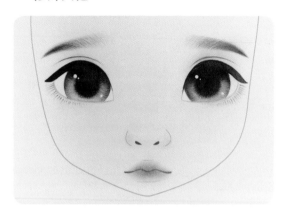

20 用珊瑚紅色鉛筆填補嘴唇,然後用紅色粉彩收尾。

21 眉毛、雙眼皮和眼珠底部用淺褐色粉彩再塗一次。用淺粉紅粉彩塗上圓圓的腮紅。

CLASS 2

活用各種技法

即使方法看起來一樣，
只要多加點水，呈現出水彩畫的感覺，
或者是使用漸層色彩，
就能使娃娃的氛圍變得不一樣。
也可以活用家裡常見的美妝用品，
而不是只使用固定的工具。

請參考 Baby doll
改妝影片。

— 水彩畫技法 —

單純的孩子

壓克力顏料加水混合後，也能呈現出水彩畫的感覺。
活用水彩畫技法，繪製出眼神晶瑩透澈的娃娃吧。

基本工具

去光水、科技海綿、消光保護漆、直徑 1.6cm 的圓形貼紙、水彩筆、點珠筆

上色工具

水性色鉛筆 白色（101）、玫瑰粉（124）、珊瑚紅（130）、翡翠綠（163）、橄欖綠（173）、
古銅色（177）、黑色（199）、褐色（283）

壓克力顏料 白色（901）、深褐色（928）、深綠色（950）、橄欖綠（955）、黑色（999）

粉彩 淺粉紅、淺褐色、紅色、黑色

娃娃

卸好妝的 Baby doll（請參考 p.16）

HOW TO
REPAINT

STEP 1
畫草稿

❀ 描繪眼睛

01 用黑色色鉛筆畫出眼線。上緣沿著凸起來的部分畫，下緣則是畫在比原本的眼線還要下面的位置，打造出厚重感。

02 用古銅色色鉛筆在眼線上方畫出雙眼皮。請將中間顏色畫得較深，兩端顏色畫得較淺。然後將直徑 1.6cm 的圓形貼紙貼在兩隻眼睛上。

TIP 請貼在正中間偏內側的位置（請參考 p.17）。

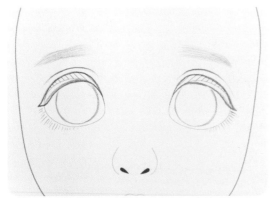

<u>*03*</u> 用褐色色鉛筆沿著貼紙畫圓，然後把貼紙撕
掉。用褐色色鉛筆畫出下睫毛，兩邊眉毛也依
照角度畫出來。

❀ 表現嘴唇和基本陰影

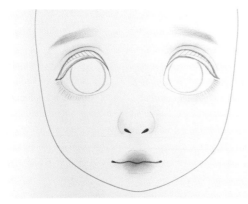

<u>*04*</u> 用水彩筆沾取淺褐色粉彩，畫出眼睛和鼻子的
陰影。眉毛是前端畫得較淺、末端畫得較深；
雙眼皮是中間畫得較深，往左右變淺；眼睛下
方是內側畫得較淺、外側畫得較深。嘴唇是用
紅色粉彩畫，中間畫得較深，往左右逐漸變
淺。用玫瑰粉色鉛筆畫出嘴唇的中心線。

∞ 眼珠上色

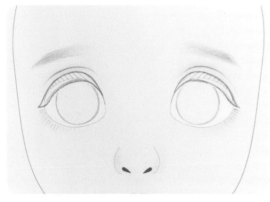 

05 在白色壓克力顏料中加入適量的水，攪拌成有
點透明的狀態後，替眼白上色。先薄薄地塗上
一層，等它變乾之後再塗一層，重複這個動作
3～5次。

06 將橄欖綠壓克力顏料加水稀釋，然後用扁平頭
水彩筆從邊緣開始畫圓，替眼珠塗上淡淡的顏
色。

∞ 虹膜上色

 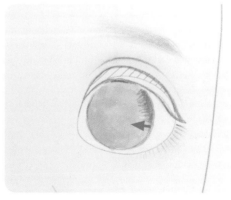

07 將剛剛的顏料提高濃度之後，沿著眼珠邊緣畫
線。

08 在步驟 *07* 畫的線乾掉之前，往內畫出虹膜線。

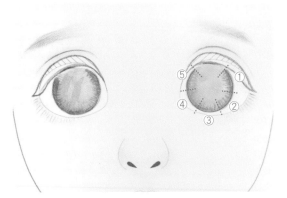

09 其餘的邊緣也都用相同的方法來畫，因為要在顏料乾掉之前畫好，所以最好是分成 5～6 小段來畫。

10 將深綠色和深褐色壓克力顏料混合之後，用相同的方法畫眼珠的上邊緣，呈現出漸層。

> **TIP** 請混入一點深褐色壓克力顏料到深綠色壓克力顏料中，降低飽和度。

∞ 瞳孔上色

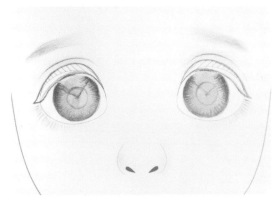

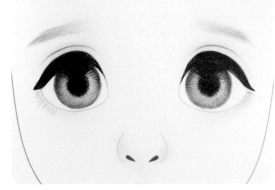

11 以眼珠的中央為基準，用黑色色鉛筆畫出長度為眼珠半徑長的十字，然後連接成圓形，接著標示出扇形（10 點和 2 點鐘方向）。

12 用黑色壓克力顏料替色鉛筆標示的瞳孔、扇形和眼線上色。淡淡地多塗幾次。

∞ **修飾眼睛**

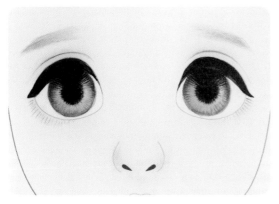

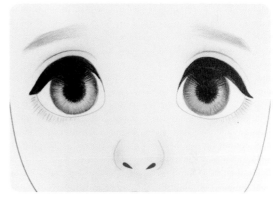

13 為了讓虹膜的漸層更自然,請在深綠色壓克力顏料中加水,將顏色調淺之後,再塗一次。

14 用橄欖綠和翡翠綠色鉛筆填補空隙,虹膜修飾完成之後,再用白色色鉛筆填補空隙。

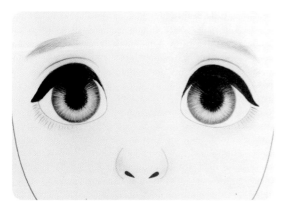

15 用黑色粉彩替瞳孔和扇形上色,使它們和眼珠連接起來。用黑色色鉛筆修飾扇形連接到虹膜和瞳孔的部分。

16 利用點珠筆,以斜線方向點出和圖片中一樣的白點。

∞ 修飾眉毛、睫毛

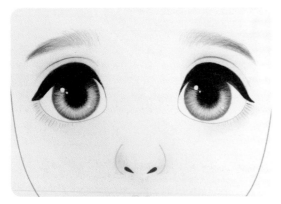 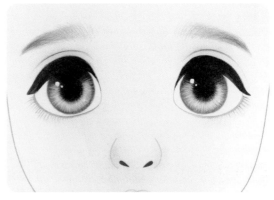

_17_ 用古銅色色鉛筆，由眉毛外側往內側畫斜線。靠近中間的時候，請畫出好像往內集中的紋路。

_18_ 用珊瑚紅色鉛筆在下睫毛內側畫出瞼緣，接著用古銅色色鉛筆將下睫毛再畫深一點。

∞ 修飾其他

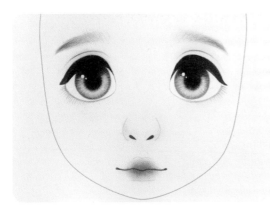 

_19_ 用珊瑚紅色鉛筆填補嘴唇，然後用紅色粉彩收尾。

_20_ 眉毛、雙眼皮和下眼線用淺褐色粉彩再塗一次。嘴唇也用紅色粉彩加深中間區域，然後用淺粉紅粉彩塗上圓圓的腮紅。

—— 漸層技法 ——
清純的孩子

將眼珠塗上各式各樣的顏色，就可以演繹出特別的氛圍。
我試著用粉藍色和珊瑚紅
這兩個相反的顏色做出漸層，表現出清純感。

基本工具

去光水、科技海綿、消光保護漆、直徑 1.6cm 的圓形貼紙、水彩筆、點珠筆

上色工具

水性色鉛筆 白色（101）、玫瑰粉（124）、珊瑚紅（130）、天空藍（147）、古銅色（177）、
黑色（199）、褐色（283）

壓克力顏料 白色（901）、珊瑚紅（916）、粉藍色（973）、黑色（999）

粉彩 淺粉紅、淺褐色、紅色

娃娃

卸好妝的 Baby doll（請參考 p.16）

HOW TO
REPAINT

STEP 1
畫草稿

∞ 描繪眼線、眉毛、眼珠

01 用黑色色鉛筆畫出眼線。請
將眼線往兩端延長一點。

02 用褐色色鉛筆畫出眉毛。請
配合眼線的長度，將眉毛畫
得長長的。

03 將直徑 1.6cm 的圓形貼紙貼
在兩隻眼睛上。用褐色色鉛
筆沿著貼紙畫圓，然後把貼
紙撕掉。

∞ 描繪雙眼皮、睫毛

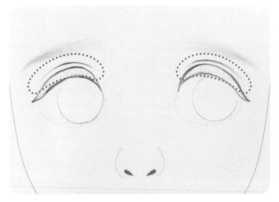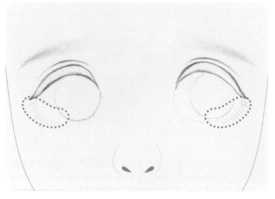

04 用古銅色色鉛筆在眼線上方畫出雙眼皮。從中間開始畫,並將中間顏色畫得最深,越往兩端顏色越淺。

05 用褐色色鉛筆畫出下睫毛。以 1mm 為間距,從末端往中間畫,並逐漸縮短長度。

∞ 表現嘴唇和基本陰影

06 用水彩筆沾取淺褐色粉彩,畫出眼睛和鼻子的陰影。眉毛是前端畫得較淺、末端畫得較深;雙眼皮是中間畫得較深,往左右變淺;眼睛下方是內側畫得較淺、外側畫得較深。嘴唇是用紅色粉彩畫,中間畫得較深,往左右逐漸變淺。用玫瑰粉色鉛筆畫出嘴唇的中心線。

∽ 眼珠上色

_07_ 在白色壓克力顏料中加入適量的水,攪拌成有點透明的狀態後,替眼白上色。先薄薄地塗上一層,等它變乾之後再塗一層,重複這個動作3～5次。

_08_ 將粉藍色壓克力顏料加水稀釋,然後像圖片那樣,以斜線上色。

_09_ 像圖片那樣,稍微留一點空白處,其餘的地方就用珊瑚紅壓克力顏料上色。

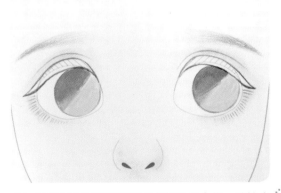

_10_ 將粉藍色和珊瑚紅壓克力顏料混合後,填補步驟 _09_ 留下的空白處。

∞ 虹膜上色

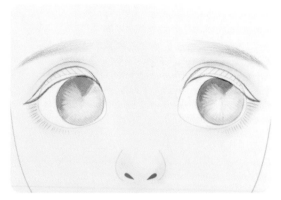 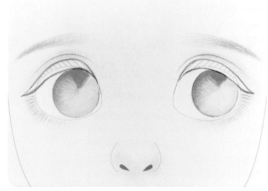

11 用白色壓克力顏料在眼珠的中央畫出星號，然後以星號為中心，往外畫出淡淡的線條。邊緣留空約 3mm。

12 將白色混入底色後，像是要把底色和白色連接起來那樣，淡淡地上色。重複 2 次。

∞ 瞳孔上色

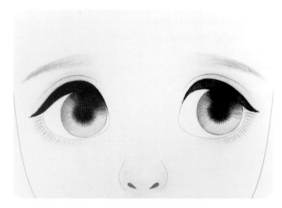

13 用黑色色鉛筆將眼珠和眼線接觸的部分標示成扇形（11 點和 3 點鐘方向），接著用黑色壓克力顏料上色。淡淡地多塗幾次。

∞ 修飾眼睛

14 將白色壓克力顏料調淺之後，再塗一次虹膜的部分，使顏色變淺。

15 利用符合各個底色的色鉛筆上色，自然地連接虹膜邊緣之後，再用白色色鉛筆填補空隙。

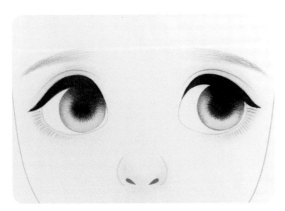

16 用黑色色鉛筆修飾扇形連接到虹膜和瞳孔的部分。

17 利用點珠筆，以斜線方向點出和圖片中一樣的白點。

✑ 修飾眉毛、睫毛

 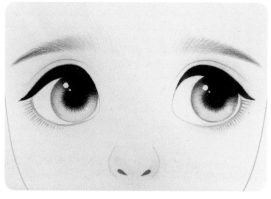

__18__ 用古銅色色鉛筆將下睫毛根部再畫深一點，接著用珊瑚紅色鉛筆在下睫毛內側畫出瞼緣。

__19__ 用古銅色色鉛筆，由眉毛外側往內側畫斜線。靠近中間的時候，請畫出好像往內集中的紋路。

✑ 修飾其他

__20__ 眉毛、雙眼皮和下眼線用淺褐色粉彩再塗一次。嘴唇也用紅色粉彩加深中間區域，然後用淺粉紅粉彩塗上圓圓的腮紅。

CLASS 3

繪製半睜眼

因為娃娃的模型本身是圓圓的眼睛，
所以微微睜開的半睜眼感覺好像是個大挑戰，
但是真的嘗試之後，就會變得只想繪製半睜眼，
是個魅力滿分的項目。

請參考 Baby doll
改妝影片。

— 微笑的半睜眼 —
燦爛的微笑

如果說圓圓的眼睛具有可愛的魅力，
那麼半睜眼就有迷人的魅力。
加上這種帶著燦爛笑容的臉龐，也只能深陷其中了吧！

基本工具

去光水、科技海綿、消光保護漆、直徑 1.6cm 的圓形貼紙、水彩筆、點珠筆

上色工具

水性色鉛筆 白色（101）、玫瑰粉（124）、珊瑚紅（130）、翡翠綠（163）、古銅色（177）、
黑色（199）、褐色（283）

壓克力顏料 白色（901）、深綠色（950）、黑色（999）

粉彩 淺粉紅、淺褐色、紅色、黑色

娃娃

卸好妝的 Baby doll（請參考 p.16）

HOW TO
REPAINT

STEP 1
畫草稿

∞ 描繪眼線、眼珠

_01_ 在比娃娃的眼皮還要往下約 3mm 處，用黑色色鉛筆畫出眼線。從標示的點往下畫，才能畫出又圓又柔和的眼形。

_02_ 用古銅色色鉛筆畫出下眼線，畫成有點往眼珠那邊凹進去的樣子。

_03_ 將直徑 1.6cm 的圓形貼紙貼在兩隻眼睛上，接著用褐色色鉛筆沿著貼紙畫出眼珠，然後把貼紙撕掉。

TIP 這時候要稍微碰到下眼線才會自然。

描繪眉毛、睫毛、雙眼皮

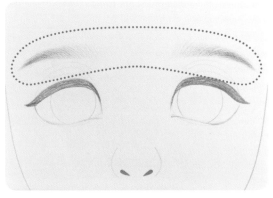

_04_ 用褐色色鉛筆畫出眉毛。眉毛和眼線一樣,要往下移 3mm。眉毛和眼線的間距很窄。

_05_ 用褐色色鉛筆將眉毛末端畫得較深,並以斜線往前端畫。靠近中間的時候,請畫出好像往內集中的紋路。

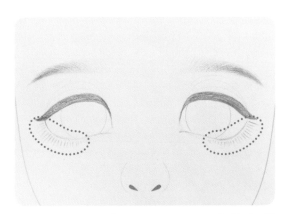

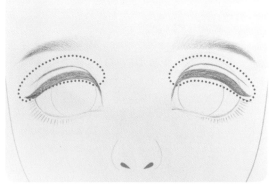

_06_ 用褐色色鉛筆畫出下睫毛。以 1mm 為間距,從末端往中間畫並逐漸縮短長度。

_07_ 在眼珠和眼皮凹槽之間,用黑色色鉛筆畫出雙眼皮。畫完從內側到以點作標示的部分之後,稍微暫停一下,將娃娃擺放成正面朝上,然後將彎曲的部分連接起來。

∞ 描繪嘴唇

08 在娃娃擺放成正面朝上的狀態下,用玫瑰粉色
鉛筆畫出唇線並畫成微笑的樣子。

∞ 描繪基本陰影

09 用淺褐色粉彩將眉毛前端畫得較淺、末端畫得
較深;用淺粉紅粉彩將雙眼皮中間畫得較深,
往左右變淺;將眼睛下方前端畫得較淺、末端
畫得較深。嘴唇是用紅色粉彩畫,中間畫得較
深,往左右逐漸變淺。

∽ 眼珠上色

10 在白色壓克力顏料中加入適量的水，攪拌成有點透明的狀態後，替眼白上色。先薄薄地塗上一層，等它變乾之後再塗一層，重複這個動作3～5次。

11 將黑色和白色壓克力顏料混入深綠色壓克力顏料中，降低飽和度，接著加水稀釋，然後用扁平頭水彩筆替眼珠上色，並將邊緣畫得較深，中間畫得較淺。

12 眼珠的邊緣再塗深一點。

∽ 瞳孔上色

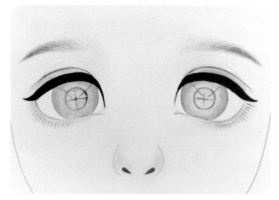 

13 用黑色色鉛筆在中央畫十字，然後連接成圓形。用黑色色鉛筆將眼珠和眼線接觸的部分標示成扇形（10點和2點鐘方向）。

14 用黑色壓克力顏料替色鉛筆標示的瞳孔、扇形和眼線上色。淡淡地多塗幾次。請沾取少量顏料，往外延伸1mm左右。

> **TIP** 如果用顏料很難延伸 1mm，也可以用色鉛筆上色。

∞ 虹膜上色

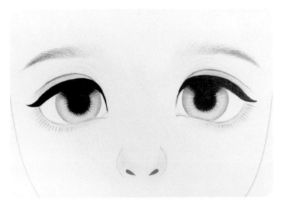 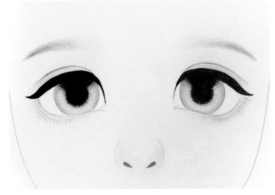

_15_ 將白色壓克力顏料加水稀釋後,像是要把虹膜的亮部填滿那樣,畫上好幾條線。不要碰到瞳孔,重複畫 3 次左右,就能形成自然的漸層。

_16_ 將深綠色和白色壓克力顏料混合,製造出中間色之後,像是要將步驟 _15_ 和底色連接起來那樣,淡淡地用線條上色。重複這個步驟 2～3 次,看起來會更自然。

_17_ 用白色色鉛筆填補空隙之後,再用翡翠綠色鉛筆重複填補空隙。

∽ 修飾眼睛

 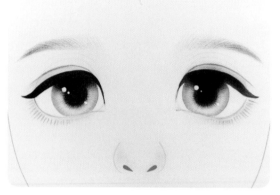

18 用黑色粉彩替瞳孔和扇形上色,使它們和眼珠連接起來。用黑色色鉛筆修飾扇形連接到虹膜和瞳孔的部分。

19 利用點珠筆,以斜線方向點出和圖片中一樣的白點。

∽ 修飾雙眼皮、眉毛、睫毛

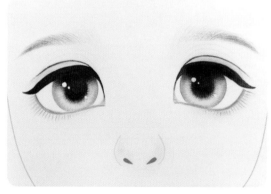 

20 用珊瑚紅色鉛筆在眼睛底部畫出瞼緣,用古銅色色鉛筆加深雙眼皮線。

21 用古銅色色鉛筆加深眉毛和下睫毛。

∞ 修飾其他

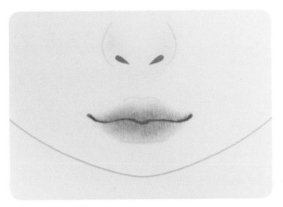

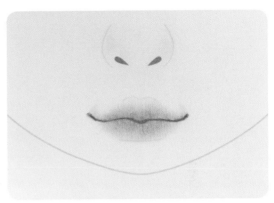

_22_ 嘴唇內側用玫瑰粉色鉛筆、外側用珊瑚紅色鉛筆畫出紋路，然後用紅色粉彩再塗一次。

_23_ 為了突顯微笑的嘴形，請用紅色粉彩在嘴唇兩側加上陰影。

_24_ 由於下眼線那邊看得出模型的樣子，因此要用白色壓克力顏料畫線，使眼形變得更加明顯，然後用淺粉紅粉彩塗上圓圓的腮紅。

— 優雅的半睜眼 —
迷人的美

改變眼線的形狀，
並利用用剩的指甲油，在娃娃的眼睛上添加亮片，
就能表現出既華麗又迷人的美。

基本工具

去光水、科技海綿、消光保護漆、直徑 1.6cm 的圓形貼紙、水彩筆、點珠筆

上色工具

水性色鉛筆 白色（101）、玫瑰粉（124）、珊瑚紅（130）、古銅色（177）、黑色（199）、
褐色（283）

壓克力顏料 白色（901）、紫色（941）、黑色（999）

粉彩 淺粉紅、淺褐色、紅色、黑色

其他 亮片指甲油

娃娃

卸好妝的 Baby doll（請參考 p.16）

HOW TO
REPAINT

STEP 1
畫草稿

∞ 描繪眼線

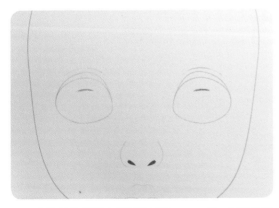

01 在比娃娃的眼皮還要往下約 4mm 處，用黑色色
鉛筆畫出眼線的中間線段。

02 接著像圖片那樣畫出眼線。

03 以步驟 *02* 的眼線為基準,將眼線加厚並上色。

∽ 描繪雙眼皮、下眼線

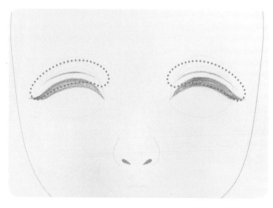

04 用古銅色色鉛筆畫出雙眼皮。請畫在眼線上方約 2mm 處。

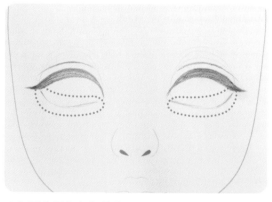

05 用古銅色色鉛筆畫出下眼線。請畫得比模型的眼睛還要往內凹進去,中間有點變形成一字形的樣子。

∞ 描繪眼珠、眉毛

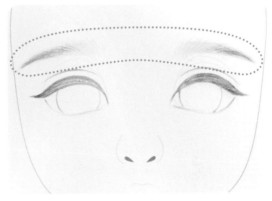

06 將直徑 1.6cm 的圓形貼紙貼在兩隻眼睛上。用褐色色鉛筆畫出眼珠之後，把貼紙撕掉。

TIP 這時候要稍微碰到下眼線才會自然。

07 用褐色色鉛筆畫出眉毛。眉毛和眼線一樣，要往下移 3mm。眉毛和眼線的間距很窄。

∞ 描繪基本陰影

08 用褐色色鉛筆畫出下睫毛。用淺褐色粉彩將眉毛前端畫得較淺、末端畫得較深；將雙眼皮中間畫得較深，往左右變淺；將眼睛下方內側畫得較淺、外側畫得較深。嘴唇是用紅色粉彩畫，中間畫得較深，往左右逐漸變淺。

∽ 眼珠、眼線上色

09 在白色壓克力顏料中加入適量的水，攪拌成有點透明的狀態後，替眼白上色。先薄薄地塗上一層，等它變乾之後再塗一層，重複這個動作3～5次。

10 接著先用黑色壓克力顏料替眼線上色。這時候要用古銅色色鉛筆加深雙眼皮線和下睫毛。

11 將黑色和白色壓克力顏料混入紫色壓克力顏料中，降低飽和度，接著加水稀釋，然後用扁平頭水彩筆替眼珠上色，並將邊緣畫得較深，中間畫得較淺。

∞ 瞳孔上色

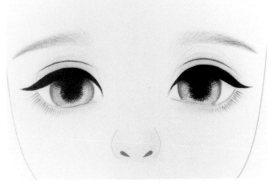

12 用黑色色鉛筆在中央畫十字，然後連接成圓形。用黑色色鉛筆將眼珠和眼線接觸的部分標示成扇形（10點和2點鐘方向）。

13 用黑色壓克力顏料替色鉛筆標示的瞳孔、扇形和眼線上色。淡淡地多塗幾次。請沾取少量顏料，往外延伸1mm左右。

> **TIP** 如果用顏料很難延伸1mm，也可以用色鉛筆上色。

∞ 虹膜上色

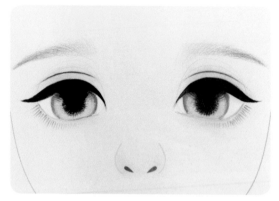

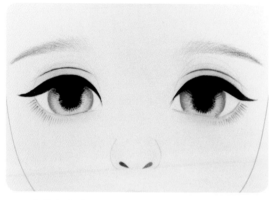

_14_ 將白色壓克力顏料加水稀釋後，像是要把虹膜的亮部填滿那樣，畫上好幾條線。不要碰到瞳孔，重複畫 3 次左右，就能形成自然的漸層。

_15_ 將紫色和白色壓克力顏料混合，製造出中間色之後，像是要將步驟 _14_ 和底色連接起來那樣，以填滿空隙的感覺，淡淡地用線條上色。

_16_ 為了消除中間色和明亮色的界線，要用白色色鉛筆再薄薄地塗一次。

∽ **修飾眼睛、眉毛、睫毛**

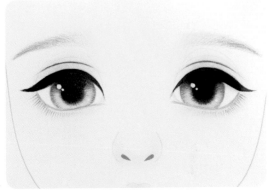

17 用黑色粉彩替瞳孔和扇形上色,使它們和眼珠連接起來。用黑色色鉛筆修飾扇形連接到虹膜和瞳孔的部分。

18 利用點珠筆,以斜線方向點出和圖片中一樣的白點,然後用珊瑚紅色鉛筆在眼睛底部畫出瞼緣。用白色壓克力顏料在瞼緣下方畫出下眼線,使眼形變得更加明顯。

19 用古銅色色鉛筆加深眉毛末端和下睫毛根部。

∞ **修飾其他**

20 用玫瑰粉色鉛筆畫出嘴唇的中心線。

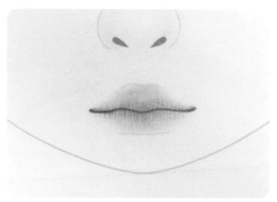

21 嘴唇內側用玫瑰粉色鉛筆、外側用珊瑚紅色鉛筆畫出紋路，然後用紅色粉彩再塗一次。

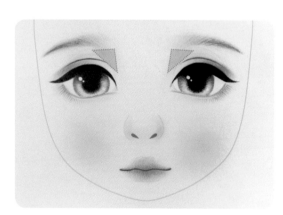

22 用淺褐色粉彩加深雙眼皮線周圍，然後用淺粉紅粉彩塗上圓圓的腮紅。用淺褐色粉彩在標示三角形的區域加上陰影，增添立體感。

∞ 塗上亮片

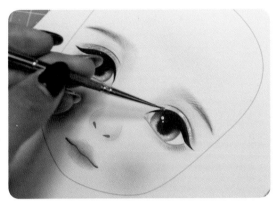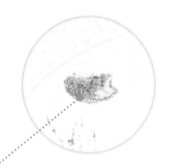

<u>23</u> 用水彩筆沾取亮片指甲油，將亮片塗在眼皮
上。

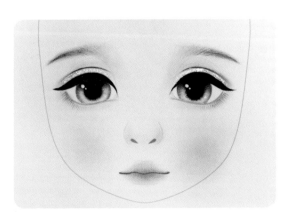

<u>24</u> 再重新畫一次雙眼皮，從中間往左右畫，這樣
就完成了。

高冷的 Girl Crush

將眼線末端提高，化上煙燻妝，
就變成高冷的 Girl Crush 娃娃。
如果再搭配短髮造型，那就更棒了。

基本工具

去光水、科技海綿、消光保護漆、直徑 1.6cm 的圓形貼紙、水彩筆、點珠筆

上色工具

水性色鉛筆 白色（101）、玫瑰粉（124）、珊瑚紅（130）、古銅色（177）、黑色（199）、
褐色（283）

壓克力顏料 白色（901）、灰棕色（964）、黑色（999）

粉彩 淺粉紅、淺褐色、褐色、紅色、黑色

娃娃

卸好妝的 Baby doll（請參考 p.16）

HOW TO
REPAINT

STEP 1
畫草稿

∞ 描繪眼線、雙眼皮

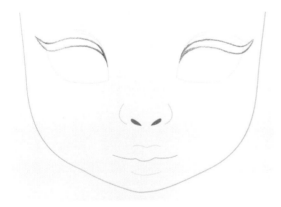

_01_ 在眼皮往下約 3mm 處，用黑色色鉛筆畫出眼線
的中間線段，然後畫出眼線。讓眼尾和模型的
眼尾交會並稍微拉長一點。

_02_ 用黑色色鉛筆在眼線上方依照模型凹槽畫出雙
眼皮。

✎ 描繪眉毛、睫毛

03 用褐色色鉛筆畫出一字形眉毛，並稍微畫長一
點。下睫毛也要畫得比原來的長。

✎ 描繪眼珠及基本陰影

04 將直徑 1.6cm 的圓形貼紙貼到眼睛左側，用褐
色色鉛筆沿著貼紙畫出眼珠之後，把貼紙撕
掉。用淺褐色粉彩塗眉毛和眼睛周圍。嘴唇是
用紅色粉彩畫，中間畫得較深，往左右逐漸變
淺。用玫瑰粉色鉛筆畫出嘴唇的中心線。

∞ 眼珠、眼線上色

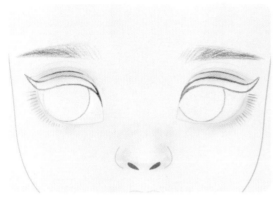

05　在白色壓克力顏料中加入適量的水，攪拌成有點透明的狀態後，替眼白上色。先薄薄地塗上一層，等它變乾之後再塗一層，重複這個動作3〜5次。

06　接著先用黑色壓克力顏料替眼線上色。

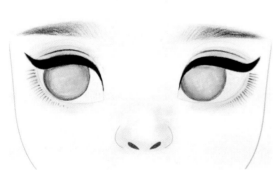

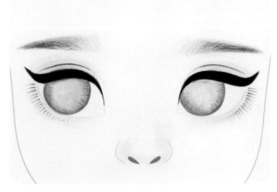

07　將黑色和白色壓克力顏料混入灰棕色壓克力顏料中，降低飽和度，接著加水稀釋，然後用扁平頭水彩筆替眼珠上色並將邊緣畫得較深，中間畫得較淺。

08　眼珠的邊緣再塗深一點，並在內側每隔 1mm 畫一條虹膜線。

∞ 瞳孔上色

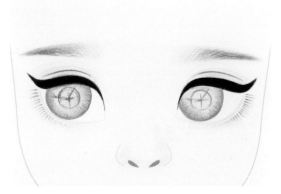

09 用黑色色鉛筆在中央畫十字，然後連接成圓形。用黑色色鉛筆將眼珠和眼線接觸的部分標示成扇形（9點和1點鐘方向）。

10 用黑色壓克力顏料替色鉛筆標示的瞳孔、扇形和眼線上色。淡淡地多塗幾次。請沾取少量顏料，往外延伸1mm左右。

> **TIP** 如果用顏料很難延伸 1mm，也可以用色鉛筆上色。

∞ 虹膜上色

11 將白色壓克力顏料加水稀釋後，像是要把虹膜的亮部填滿那樣，畫上好幾條線。不要碰到瞳孔，重複畫 3 次左右，就能形成自然的漸層。

12 將灰棕色和白色壓克力顏料混合，製造出中間色之後，像是要將步驟 *11* 和底色連接起來那樣，以填滿空隙的感覺，淡淡地用線條上色。

13 像是要填補空隙那樣，用白色色鉛筆再塗一次。

∞ 修飾眼睛、眉毛

∞ 修飾其他

_14_ 用黑色粉彩替瞳孔和扇形上色，使它們和眼珠連接起來。用黑色色鉛筆修飾扇形連接到虹膜和瞳孔的部分。利用點珠筆，以斜線方向點出和圖片中一樣的白點。

_15_ 用珊瑚紅色鉛筆在眼睛底部畫出瞼緣。用古銅色色鉛筆加深眉毛。

_16_ 嘴唇內側用玫瑰粉色鉛筆、外側用珊瑚紅色鉛筆畫出紋路，然後用紅色粉彩再塗一次。

_17_ 用淺褐色粉彩塗雙眼皮的兩端，像是要畫出漸層那樣。下眼線的眼尾端也請加深。

_18_ 用黑色粉彩再次加深眼尾端，呈現出漸層。用淺褐色粉彩在標示三角形的區域加上陰影，增添立體感。

_19_ 用白色壓克力顏料在瞼緣下方畫出下眼線，使眼形變得更加明顯，然後用淺粉紅粉彩以斜線塗上腮紅。

CLASS 4

裝飾眼珠

娃娃改妝的核心果然還是眼珠吧？
雖然在眼珠裡作畫一定會有所限制，
但是只要利用點珠筆，眼睛裡也能裝載宇宙和銀河！

請參考 Baby doll
改妝影片。

可愛眨眼

一邊以半睜眼、另一邊以眨起來的眼睛來表現，
就能繪製出眨眼的娃娃。

基本工具

去光水、科技海綿、消光保護漆、直徑 1.6cm 的圓形貼紙、水彩筆、點珠筆

上色工具

水性色鉛筆 白色（101）、玫瑰粉（124）、珊瑚紅（130）、鈷綠色（156）、古銅色（177）、
黑色（199）、褐色（283）

壓克力顏料 白色（901）、水綠色（947）、黑色（999）

粉彩 淺粉紅、淺褐色、紅色、黑色

娃娃

卸好妝的 Baby doll（請參考 p.16）

HOW TO
REPAINT

STEP 1
畫草稿

∞ 描繪眼線

01 左眼是在比娃娃的眼皮還要往下約 3mm 處，用黑
色色鉛筆畫出眼線。和模型的眼尾交會並拉長。
用古銅色色鉛筆畫出下眼線，而且要畫得比模型
的眼睛還要往內凹進去。右眼是在模型的眼睛中
間，以曲線畫出微笑的眼形。

∞ 描繪雙眼皮、眼珠

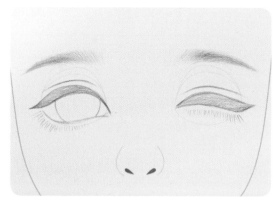

_02_ 用古銅色色鉛筆在眼線往上約 2～3mm 處畫出雙眼皮，並自然地畫出眉毛和下睫毛。將直徑 1.6cm 的圓形貼紙貼在左眼上，用褐色色鉛筆沿著貼紙畫出眼珠，然後把貼紙撕掉。

∞ 描繪基本陰影

_03_ 用淺褐色粉彩將眉毛前端畫得較淺、末端畫得較深；將雙眼皮中間畫得較深，往左右變淺；將眼睛下方內側畫得較淺、外側畫得較深。嘴唇是用紅色粉彩畫，中間畫得較深，往左右逐漸變淺。用玫瑰粉色鉛筆畫出嘴唇的中心線。

❀ 眼珠、眼線上色

04 在白色壓克力顏料中加入適量的水,替眼白上色。先薄薄地塗上一層,等它變乾之後再塗一層,重複這個動作3～5次。接著用黑色壓克力顏料替眼線上色。

05 將黑色和白色壓克力顏料混入水綠色壓克力顏料中,降低飽和度,接著加水稀釋,然後用扁平頭水彩筆替眼珠上色,並將邊緣畫得較深,中間畫得較淺。

06 眼珠的邊緣再塗深一點。

❀ 瞳孔上色

07 用黑色色鉛筆在眼珠中央畫十字,然後連接成圓形。用黑色色鉛筆將眼珠和眼線接觸的部分標示成扇形(10點和2點鐘方向)。

08 用黑色壓克力顏料替色鉛筆標示的瞳孔、扇形和眼線上色。淡淡地多塗幾次。請沾取少量顏料,往外延伸1mm左右。

> **TIP** 如果用顏料很難延伸 1mm,也可以用色鉛筆上色。

∞ 虹膜上色

09 將白色壓克力顏料加水稀釋後，像是要把虹膜的亮部填滿那樣，畫上好幾條線。不要碰到瞳孔，重複畫 3 次左右，就能形成自然的漸層。

10 將水綠色和白色壓克力顏料混合，製造出中間色之後，像是要將步驟 *09* 和底色連接起來那樣，以填滿空隙的感覺，淡淡地用線條上色。

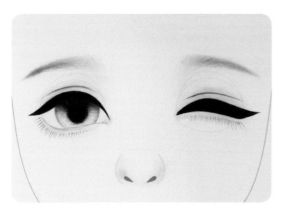

11 用白色色鉛筆填補空隙之後，再用鑽綠色色鉛筆重複填補空隙。

∞ 修飾眼睛、眉毛、嘴唇

 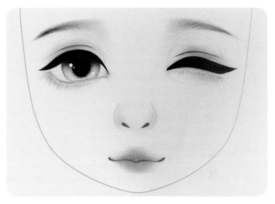

12 用黑色粉彩替瞳孔和扇形上色,使它們和眼珠連接起來。用黑色色鉛筆修飾扇形連接到虹膜和瞳孔的部分。利用點珠筆,以斜線方向點出和圖片中一樣的白點。

13 用珊瑚紅色鉛筆在眼睛底部畫出瞼緣。用古銅色色鉛筆加深眉毛末端和下睫毛根部。嘴唇內側用玫瑰粉色鉛筆、外側用珊瑚紅色鉛筆畫出紋路,然後用紅色粉彩再塗一次。

∞ 修飾其他

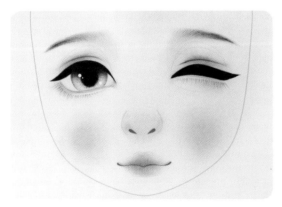

14 用白色壓克力顏料在瞼緣下方畫出下眼線,使眼形變得更加明顯。用淺褐色粉彩輕輕地塗雙眼皮線,然後用淺粉紅粉彩塗上圓圓的腮紅。

基本工具

去光水、科技海綿、消光保護漆、直徑 1.6cm 的圓形貼紙、水彩筆、點珠筆

上色工具

水性色鉛筆 白色（101）、玫瑰粉（124）、珊瑚紅（130）、紫色（138）、赫雷斯藍紅色（151）、
鈷綠色（156）、古銅色（177）、黑色（199）、褐色（283）

壓克力顏料 白色（901）、檸檬黃（902）、水手藍（937）、紫丁香色（942）、水綠色（947）、黑色（999）

粉彩 淺粉紅、淺褐色、紅色、黑色

娃娃

卸好妝的 Baby doll（請參考 p.16）

HOW TO
REPAINT

STEP 1
畫草稿

∽ 描繪眼線、睫毛

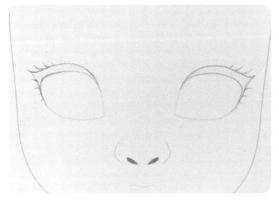 

_01_ 用黑色色鉛筆畫出眼線。眼尾保持原樣，並稍
微往下和下眼線連接起來，畫出厚重感。上下
各畫上 3～4 根睫毛。

_02_ 用褐色色鉛筆將睫毛根部加粗，製造出尖銳的
感覺，然後依照線條畫出雙眼皮。

∞ 描繪眼珠、眉毛

 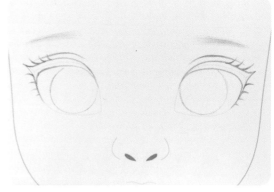

03 將直徑 1.6cm 的圓形貼紙貼在兩隻眼睛上。請
貼在中間偏內側的位置，用褐色色鉛筆畫圓，
然後把貼紙撕掉。

04 用褐色色鉛筆自然地畫出眉毛。請不要畫得太
粗。

∞ 描繪基本陰影

05 用水彩筆沾取淺褐色粉彩，畫出眼睛、鼻子和
嘴巴的陰影。眉毛是前端畫得較淺、末端畫得
較深；雙眼皮是中間畫得較深，往左右變淺；
眼睛下方是內側畫得較淺、外側畫得較深。嘴
唇是用紅色粉彩畫，中間畫得較深，往左右逐
漸變淺。

∞ 眼珠、眼線上色

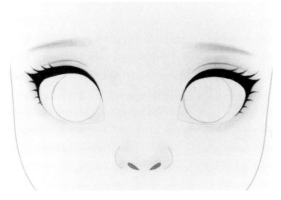 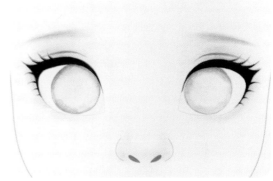

06 在白色壓克力顏料中加入適量的水，替眼白上色。先薄薄地塗上一層，等它變乾之後再塗一層，重複這個動作 3～5 次。接著先用黑色壓克力顏料替眼線上色，然後將睫毛根部加深。

07 分別將紫丁香色、水綠色、水手藍壓克力顏料加水稀釋。先在眼珠下緣中間區段塗上紫丁香色，然後用水綠色塗兩側邊緣，接著用水手藍塗上緣，做出漸層。

> **TIP** 必須在顏料變乾之前更換顏色，這樣才會形成自然的漸層。

∞ 瞳孔上色

 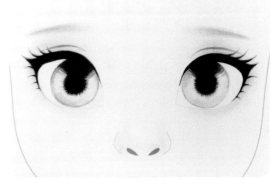

08 用黑色色鉛筆在中央畫十字，然後連接成圓形。用黑色色鉛筆將眼珠和眼線接觸的部分標示成扇形（10 點和 2 點鐘方向）。

09 用黑色壓克力顏料替色鉛筆標示的瞳孔、扇形和眼線上色。淡淡地多塗幾次。請沾取少量顏料，往外延伸 1mm 左右。

> **TIP** 如果用顏料很難延伸 1mm，也可以用色鉛筆上色。

∞ 虹膜上色

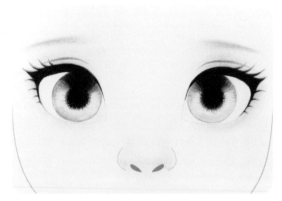

_**10**_ 用水手藍壓克力顏料再塗一次扇形兩側，打造出漸層，眼珠顏色會變得更加鮮明。

_**11**_ 用水綠色和紫丁香色壓克力顏料在邊緣畫出短短的虹膜線。

_**12**_ 將白色壓克力顏料加水稀釋後，像是要把虹膜的亮部填滿那樣，畫上好幾條線。不要碰到瞳孔，重複步驟 _**10**_～_**12**_ 約 3 次左右，就能形成自然的漸層。

✑ 提前修飾眼珠

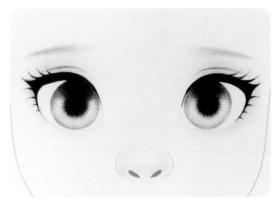

<u>13</u> 用黑色粉彩替瞳孔和扇形上色,使它們和眼珠連接起來。用黑色、褐色色鉛筆修飾扇形連接到虹膜和瞳孔的部分。

<u>14</u> 用白色色鉛筆填補空隙之後,再用紫色、赫雷斯藍紅色、鈷綠色色鉛筆重複填補空隙。

> **TIP** 做完這個步驟之後,請輕輕地噴灑保護漆,讓顏色不會暈開,方便進行後面的工作。

✑ 描繪動畫眼睛

<u>15</u> 將白色顏料稀釋到非常稀之後,在眼珠的下半部疊畫出一個半月形的樣子。也可以先用色鉛筆畫出草稿再上色。用白色色鉛筆修飾曲線線條。

<u>16</u> 將白色混入檸檬黃壓克力顏料中,稍微攪拌之後,用細水彩筆尖端沾取一點,先畫出星星的輪廓,然後再把內部填滿。

> **TIP** 如果是畫很小的星星,畫輪廓的時候就直接把內部填滿了。也可以像 96 頁那樣畫成愛心。

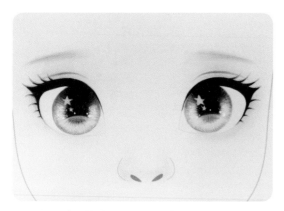

_**17**_ 利用點珠筆在半月形的上方點白點，營造出閃閃發亮的感覺。

_**18**_ 用細水彩筆尖端沾取一點白色壓克力顏料，然後在黃色星星的對角線方向畫一個「＊」，表現出發光的樣子。

_**19**_ 將白色和黑色壓克力顏料混合成灰色，然後在眼珠的上半部畫出反射光。

∞ **修飾眉毛**

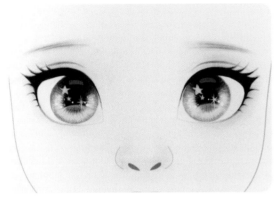

20 用古銅色色鉛筆將眉毛畫成像是兩條線的感
覺。用珊瑚紅色鉛筆在眼睛底部畫出瞼緣。

∞ **修飾其他**

21 用玫瑰粉色鉛筆畫出嘴唇的中心線。用珊瑚紅
色鉛筆畫出紋路之後,用紅色粉彩再塗一次。

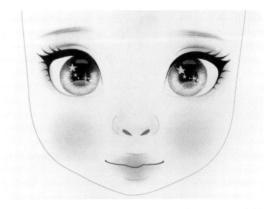

22 用淺褐色粉彩輕輕地塗雙眼皮線,然後用淺粉
紅粉彩塗上圓圓的腮紅。

小星星，一閃一閃亮晶晶

不要只想著要繪製如星星般閃亮的眼睛，
利用點珠筆，畫出真正的星星吧。
也可以依照自己的星座、朋友的星座來畫，然後作為禮物送人。

基本工具

去光水、科技海綿、消光保護漆、直徑 1.6cm 的圓形貼紙、水彩筆、點珠筆

上色工具

水性色鉛筆 白色（101）、深鎘橙（115）、玫瑰粉（124）、珊瑚紅（130）、洋紅色（133）、
赫雷斯藍紅色（151）、古銅色（177）、黑色（199）、褐色（283）

壓克力顏料 白色（901）、朱紅色（917）、孔雀藍（933）、紫丁香色（942）、黑色（999）

粉彩 淺粉紅、淺褐色、紅色、黑色

娃娃

卸好妝的 Baby doll（請參考 p.16）

HOW TO
REPAINT

STEP 1
畫草稿

∞ 描繪眼線、睫毛

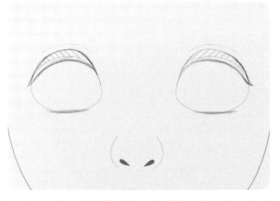 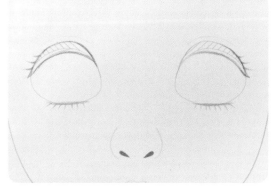

01 用黑色色鉛筆畫出有厚重感的眼線，並且注意眼尾不要拉得太長。請利用褐色色鉛筆畫出下眼線，並畫成直線的感覺。

02 用褐色色鉛筆畫出上下睫毛。將睫毛根部加粗，突顯出尖銳的感覺。

∞ 描繪眼珠、眉毛

 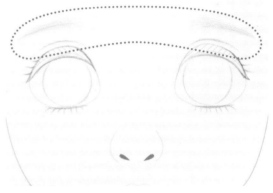

03 將直徑 1.6cm 的圓形貼紙貼在兩隻眼睛上。請
貼在中間偏內側的位置，用褐色色鉛筆畫圓，
然後把貼紙撕掉。

04 用褐色色鉛筆自然地畫出眉毛。請不要畫得太
粗。

∞ 描繪基本陰影

05 用水彩筆沾取淺褐色粉彩，畫出眉毛、眼睛、
鼻子和嘴巴周圍的陰影。嘴唇是中間畫得較
深，往左右逐漸變淺。用玫瑰粉色鉛筆畫出嘴
唇的中心線。

✎ 眼珠、眼線上色

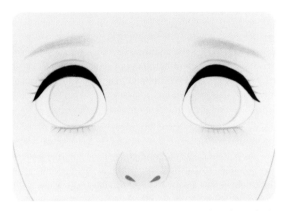

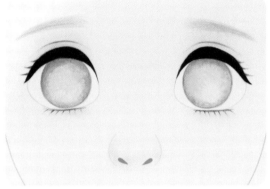

06 在白色壓克力顏料中加入適量的水,替眼白上色。先薄薄地塗上一層,等它變乾之後再塗一層,重複這個動作 3～5 次。接著先用黑色壓克力顏料替眼線上色,然後將睫毛根部加深。

07 分別將孔雀藍、紫丁香色、朱紅色壓克力顏料加水稀釋。先在眼珠下緣中間區段塗上朱紅色,然後用紫丁香色塗兩側邊緣,接著用孔雀藍塗上緣,做出漸層。

> **TIP** 必須在顏料變乾之前更換顏色,這樣才會形成自然的漸層。

✎ 瞳孔上色

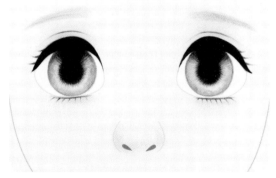

08 用黑色色鉛筆在眼珠中央畫十字,然後連接成圓形。用黑色色鉛筆將眼珠和眼線接觸的部分標示成扇形(10 點和 2 點鐘方向)。

09 用黑色壓克力顏料替色鉛筆標示的瞳孔、扇形和眼線上色。淡淡地多塗幾次。請沾取少量顏料,往瞳孔外延伸 1mm 左右。

> **TIP** 如果用顏料很難延伸 1mm,也可以用色鉛筆上色。

∞ 虹膜上色

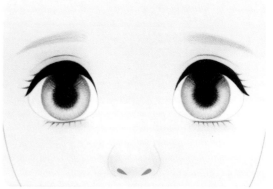

__10__ 將白色壓克力顏料加水稀釋後，像是要把虹膜的亮部填滿那樣，畫上好幾條線。

__11__ 用孔雀藍壓克力顏料再塗一次扇形兩側，打造出漸層。眼珠顏色會變得更加鮮明。

__12__ 用赫雷斯藍紅色、洋紅色、深鎘橙色鉛筆再次填補空隙並修飾線條，這樣虹膜就完成了。重複步驟 __10__～__12__ 約 2～3 次，就能形成自然的顏色。

✤ 提前修飾眼珠

13 用黑色粉彩替瞳孔和扇形上色，使它們和眼珠連接起來。用黑色色鉛筆修飾扇形連接到虹膜和瞳孔的部分。用白色色鉛筆填補空隙之後，再用赫雷斯藍紅色、洋紅色、深鎘橙色鉛筆重複填補空隙。

> **TIP** 做完這個步驟之後，請輕輕地噴灑保護漆，讓顏色不會暈開，方便進行後面的工作。

✤ 描繪星座眼睛（＊獅子座）

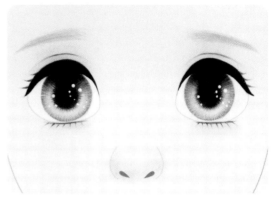

14 用點珠筆點出獅子座的星星位置。其他星座請參考 p.111。

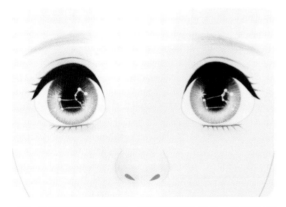

15 沿著點點畫出細線，將星座連接起來。像圖片那樣，以斜線畫出「＊」，會有更閃亮的感覺。

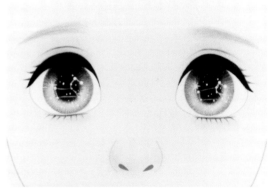

16 也可以在星座旁邊點上一些小點點，呈現出銀河的感覺。

∞ 修飾眉毛、嘴唇

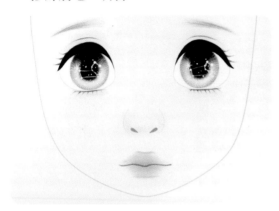

<u>17</u> 不要畫出眉毛的紋路，只要用古銅色色鉛筆畫
出自然的觸感。用珊瑚紅色鉛筆在嘴唇中間的
上和下輕輕地畫出線條，然後用紅色粉彩再塗
一次嘴唇。

∞ 修飾其他

<u>18</u> 用淺褐色粉彩塗雙眼皮中間，像是要做出漸層
那樣，下眼線中間也輕輕地用淺褐色粉彩上
色。用淺粉紅粉彩塗上圓圓的腮紅。

12 星座

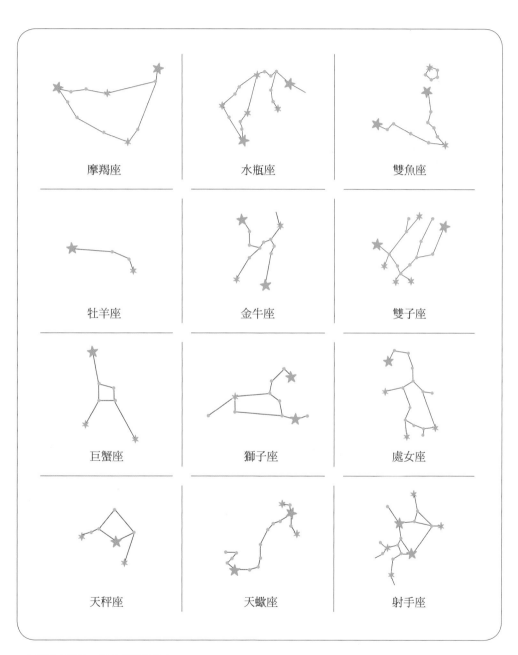

摩羯座 水瓶座 雙魚座

牡羊座 金牛座 雙子座

巨蟹座 獅子座 處女座

天秤座 天蠍座 射手座

※請參考圖片，畫出想要的星座。

CLASS 5

繪製各種表情

如果說前面學習的是以眼睛為中心進行的改妝，
那麼，現在將以與眾不同的表情來改變臉部整體的感覺。
從瞇著眼笑的甜美笑容，
到嘟嘴生氣、嚎啕大哭的表情，
三種醜八怪娃娃的表情組合包。

**請參考 Baby doll
改妝影片。**

開朗地笑著

如果想呈現出與眾不同的感覺,請試著繪製開朗地笑著的臉。
輕輕地在鼻梁上點上一些雀斑,
就能看見童話故事裡天真無邪的孩子。

基本工具

去光水、科技海綿、消光保護漆、水彩筆、點珠筆

上色工具

水性色鉛筆 玫瑰粉（124）、珊瑚紅（130）、古銅色（177）、淺褐色（180）、
黑色（199）、褐色（283）
壓克力顏料 黑色（999）
粉彩 淺粉紅、淺褐色、紅色

娃娃

卸好妝的 Baby doll（請參考 p.16）

HOW TO
REPAINT

STEP 1
畫草稿

∞ 描繪眼線、雙眼皮

 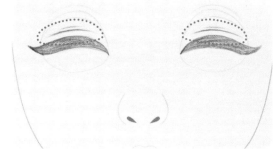

01 用黑色色鉛筆在眼睛中間畫出波浪狀的笑眼眼形，並請畫出厚重感。

02 用黑色色鉛筆在眼線上方大約 2～3mm 處畫出兩條雙眼皮線。請將下面的線畫得比較長，上面的線畫得比較短。

∽ 描繪眉毛、睫毛

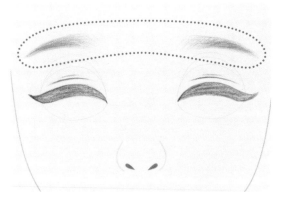

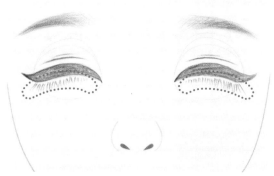

_03_ 用褐色色鉛筆自然地畫出眉毛。

_04_ 用褐色色鉛筆在眼睛下面畫出睫毛。以 1mm 為間距，從末端開始自然地畫。

∽ 描繪嘴唇

∽ 描繪基本陰影

_05_ 嘴唇要畫成微微張開的感覺。先用玫瑰粉色鉛筆畫出上嘴唇的下緣曲線和下嘴唇的上緣曲線。

_06_ 用水彩筆沾取淺褐色粉彩，畫出眼睛、雙眼皮、鼻子和嘴唇的陰影。

∞ 眼線、眉毛、睫毛上色

_07_ 用黑色壓克力顏料替眼線上色。

_08_ 用古銅色色鉛筆畫出眉毛的紋路,然後將雙眼皮和下睫毛加深。

∞ 嘴唇上色

_09_ 嘴唇中間張開的部分用黑色壓克力顏料上色。

_10_ 嘴唇內側用玫瑰粉色鉛筆、外側用珊瑚紅色鉛筆畫出紋路後,以對角線加強嘴唇兩端,增添笑的樣子,然後用紅色粉彩上色。

∞ **修飾其他**

∞ **點上雀斑**

_**11**_ 用淺褐色粉彩輕輕地塗雙眼皮線，然後用淺粉紅粉彩塗上圓圓的腮紅。

_**12**_ 用珊瑚紅粉彩替要點上雀斑的鼻梁上色。

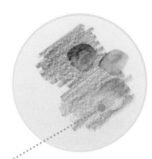

_**13**_ 將褐色、淺褐色色鉛筆塗在紙上，滴上水珠後，用細水彩筆沾取，然後輕輕地在鼻梁上點上雀斑。

生氣的表情
哼，我生氣了

雖然開朗地笑著的娃娃不管什麼時候看都很可愛，
但是有時候哭泣、鬧彆扭、生氣的醜娃娃看起來也很討人喜歡。

基本工具

去光水、科技海綿、消光保護漆、水彩筆、點珠筆

上色工具

水性色鉛筆 玫瑰粉（124）、珊瑚紅（130）、古銅色（177）、
淺褐色（180）、黑色（199）、褐色（283）

壓克力顏料 白色（901）、深褐色（928）、黑色（999）

粉彩 淺粉紅、淺褐色、紅色、黑色

娃娃

卸好妝的 Baby doll（請參考 p.16）

STEP 1
畫草稿

∞ 描繪眼線、雙眼皮

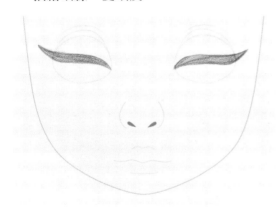 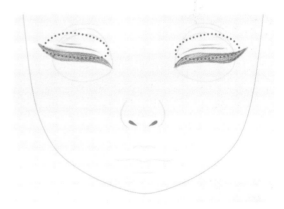

01 用黑色色鉛筆在眼睛中間畫出往上斜翹的眼尾，像圖片那樣，畫出不高興的眼形。

02 用黑色色鉛筆在眼線上方大約 2～3mm 處畫出兩條雙眼皮線。請將下面的線畫得比較長，上面的線畫得比較短。

∞ 描繪眉毛、睫毛、眼睛

03 用褐色色鉛筆畫出眉毛,並將兩端畫成往上翹,表現出生氣的臉。

04 用褐色色鉛筆畫出下眼線後,畫出下睫毛。以 1mm 為間距,從末端開始自然地畫。

05 用褐色色鉛筆畫出扁平的半圓形眼珠。因為眼睛變小了,所以不用貼紙也可以畫出眼珠。

∞ 描繪嘴唇

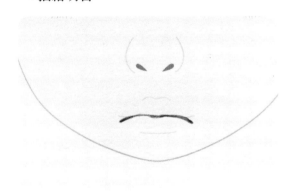

06 將娃娃擺放成正面朝上,畫出嘴巴的形狀。將兩端畫成下垂狀,就能表現出嘟嘴的樣子。用玫瑰粉色鉛筆畫出嘴唇的中心曲線。

∞ 描繪基本陰影

07 用水彩筆沾取淺褐色粉彩,畫出眼睛、雙眼皮、鼻子和嘴唇的陰影。

❧ 眼珠上色

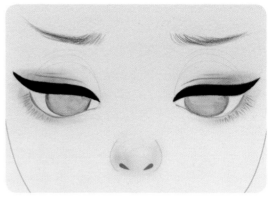

08 在白色壓克力顏料中加入適量的水，攪拌成有點透明的狀態後，替眼白上色。先薄薄地塗上一層，等它變乾之後再塗一層，重複這個動作3～5次。

09 將深褐色壓克力顏料加水稀釋後，替眼珠上色。將邊緣畫得較深，然後用黑色壓克力顏料替眼線上色。

❧ 瞳孔上色

10 用黑色色鉛筆畫出圓形的瞳孔。請確認好下眼線和間距後再畫。

11 用黑色壓克力顏料替色鉛筆標示的瞳孔上色。淡淡地多塗幾次。請沾取少量顏料，往瞳孔外延伸1mm左右。

> **TIP** 如果用顏料很難延伸1mm，也可以用色鉛筆上色。

∞ 虹膜上色

_12_ 用深褐色壓克力顏料在眼珠的邊緣畫出短短的
虹膜線。

_13_ 將白色壓克力顏料加水稀釋後，像是要把虹膜
的亮部填滿那樣，畫上好幾條線。不要碰到瞳
孔，重複 3 次左右，就能形成自然的漸層。

_14_ 將深褐色和白色壓克力顏料混合，製造出中間
色之後，像是要將步驟 _13_ 和底色連接起來那
樣，以填滿空隙的感覺，淡淡地用線條上色。
重複步驟 _12_～_14_ 約 2～3 次，就能形成自然的
顏色。

∾ **修飾眼睛、眉毛、睫毛**

15 用黑色粉彩替瞳孔和扇形上色，使它們和眼珠連接起來。用黑色色鉛筆修飾扇形連接到虹膜和瞳孔的部分。

16 利用點珠筆，以斜線方向點出和圖片中一樣的白點。

17 用古銅色色鉛筆加深眉毛、下睫毛和雙眼皮。

∾ **修飾其他**

18 嘴唇內側用玫瑰粉色鉛筆、外側用珊瑚紅色鉛筆畫出紋路，然後用紅色粉彩再塗一次。

19 用淺褐色粉彩在眼睛和眉毛內側標示三角形的區域加上陰影，可畫出眉頭更皺的表情。

20 用淺粉紅粉彩塗上圓圓的腮紅。也很適合點上一些雀斑（請參考 p.118）。

基本工具

去光水、科技海綿、消光保護漆、水彩筆、點珠筆

上色工具

水性色鉛筆 玫瑰粉（124）、珊瑚紅（130）、古銅色（177）、淺褐色（180）、黑色（199）、
褐色（283）

壓克力顏料 白色（901）、焦赭色（924）、黑色（999）

粉彩 淺粉紅、淺褐色、紅色、黑色

娃娃

卸好妝的 Baby doll（請參考 p.16）

HOW TO
REPAINT

STEP 1
畫草稿

∞ 描繪眼線、雙眼皮

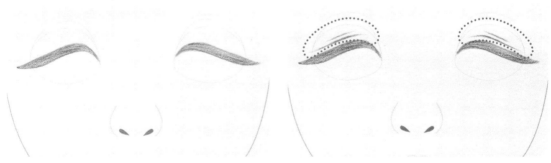

_01_ 用黑色色鉛筆在眼睛中間畫出往下斜垂的眼
尾，像圖片那樣，畫出哭臉的眼形。

_02_ 用黑色色鉛筆在眼線上方大約 2～3mm 處畫出
兩條雙眼皮線。請將下面的線畫得比較長，上
面的線畫得比較短。

❀ 描繪眉毛、睫毛、眼珠

_03_ 用褐色色鉛筆畫出眉毛，並將兩端畫成往下垂。還要畫出下眼線。

_04_ 用褐色色鉛筆畫出扁平的半圓形眼珠。因為眼睛變小了，所以不用貼紙也可以畫出眼珠。

_05_ 用褐色色鉛筆畫出下睫毛。以 1mm 為間距，從末端開始自然地畫並逐漸縮短長度。

❀ 描繪嘴唇

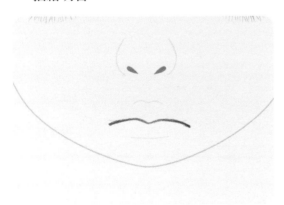

_06_ 將娃娃擺放成正面朝上，畫出嘴巴的形狀。用玫瑰粉色鉛筆將嘴唇中間的線畫成兩端往下垂，並突顯出中間的曲折。

❀ 描繪基本陰影

_07_ 用水彩筆沾取淺褐色粉彩，畫出眼睛、雙眼皮、鼻子的陰影。嘴唇則用紅色粉彩塗。

❀ 眼珠上色

 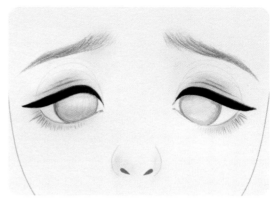

08 在白色壓克力顏料中加入適量的水，攪拌成有點透明的狀態後，替眼白上色。先薄薄地塗上一層，等它變乾之後再塗一層，重複這個動作3～5次。

09 將焦赭色壓克力顏料加水稀釋後，替眼珠上色。將邊緣畫得較深，然後用黑色壓克力顏料替眼線上色。

❀ 瞳孔上色

 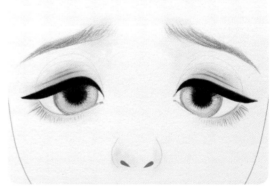

10 用黑色色鉛筆畫出圓形的瞳孔。請確認好下眼線和間距後再畫。

11 用黑色壓克力顏料替色鉛筆標示的瞳孔上色。淡淡地多塗幾次。請沾取少量顏料，往瞳孔外延伸1mm左右。

> **TIP** 如果用顏料很難延伸1mm，也可以用色鉛筆上色。

∽ 虹膜上色

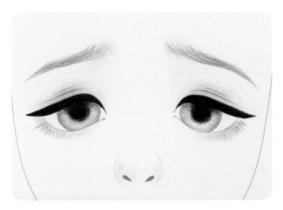 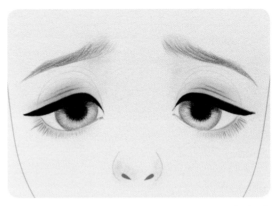

12 用焦赭色壓克力顏料在眼珠的邊緣畫出短短的虹膜線。

13 將白色壓克力顏料加水稀釋後，像是要把虹膜的亮部填滿那樣，畫上好幾條線。不要碰到瞳孔，重複 3 次左右，就能形成自然的漸層。

14 將白色和焦赭色壓克力顏料混合，製造出中間色之後，像是要將步驟 *13* 和底色連接起來那樣，以填滿空隙的感覺，淡淡地用線條上色。重複步驟 *12*～*14* 約 2～3 次，就能形成自然的顏色。

STEP 3
收尾

∞ 修飾眼睛、眉毛、睫毛

15 用黑色粉彩替瞳孔和扇形上色，使它們和眼珠
連接起來。用黑色色鉛筆修飾扇形連接到虹膜
和瞳孔的部分。

16 利用點珠筆，以斜線方向點出和圖片中一樣的
白點。

17 用古銅色色鉛筆加深眉毛、下睫毛和雙眼皮。

∞ 修飾其他

18 嘴唇內側用玫瑰粉色鉛筆、外側用珊瑚紅色鉛筆畫出紋路，然後用紅色粉彩再塗一次。

19 用淺褐色粉彩在眼睛和眉毛內側標示三角形的區域加上陰影，可畫出更傷心的表情。

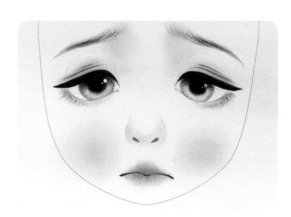

20 用淺粉紅粉彩塗上圓圓的腮紅。

21 用白色壓克力顏料在眼睛和臉頰之間畫上淚滴。也很適合點上一些雀斑（請參考 p.118）。

> **TIP** 畫淚滴時，因為要突顯出壓克力顏料的特色，所以不要加水，請厚厚地畫上去。

附錄

給初學者的超簡單色鉛筆改妝

這是為了覺得使用顏料有點困難的完全初學者準備的。
用熟悉的美術工具色鉛筆自由地練習吧。
透過練習獲得自信心之後，再開始前面的實戰改妝也很不錯喔！

基本工具

去光水、科技海綿、消光保護漆、直徑 1.6cm 的圓形貼紙、直徑 0.8cm 的圓形貼紙、點珠筆

上色工具

水性色鉛筆 白色（101）、玫瑰粉（124）、鈷藍色（143）、鈷綠色（156）、
古銅色（177）、黑色（199）、褐色（283）
粉彩 淺粉紅、淺褐色、紅色、黑色

娃娃

卸好妝的 Baby doll（請參考 p.16）

HOW TO
REPAINT

STEP 1
畫草稿

∞ 描繪眼珠、眼線、瞳孔、雙眼皮

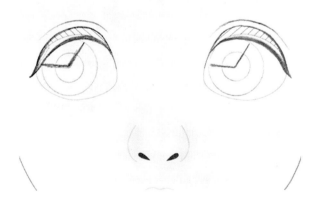

01

將直徑 1.6cm 的圓形貼紙貼在兩隻眼睛上。請貼在中間偏左的位置，用褐色色鉛筆畫出眼珠後，把貼紙撕掉。將直徑 0.8cm 的圓形貼紙貼在眼珠中間，畫出瞳孔後，把貼紙撕掉。用古銅色色鉛筆依照凹槽畫出雙眼皮線。用黑色色鉛筆將眼線畫在比原本的眼線還要下面一點的位置，而且要畫得很厚，將眼珠和眼線接觸的部分標示成扇形（9 點和 1 點鐘方向）。

∞ 描繪眉毛、睫毛、瞼緣

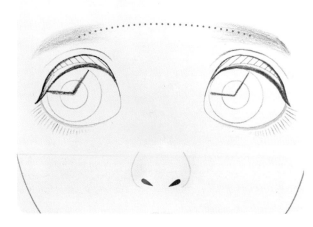

02

用褐色色鉛筆畫出眉毛。眉毛必須要畫得對稱，感覺兩邊眉毛連接起來的時候會形成圓滑的曲線，末端要畫得較深，越往前越淺，像畫漸層那樣。下睫毛以 1mm 為間距，從末端往中間自然地畫並逐漸縮短長度。用珊瑚紅色鉛筆在眼睛底部畫出瞼緣。

∞ 描繪基本陰影

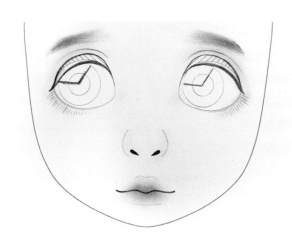

03

用玫瑰粉色鉛筆畫出嘴唇的中心線，然後用水彩筆沾取紅色粉彩，像畫出漸層那樣塗。用淺褐色粉彩從眉毛末端往前塗並逐漸變淡。用淺粉紅粉彩塗雙眼皮及眼睛周圍。鼻子的兩側也稍微加上一點陰影，增添立體感。

∞ 眼珠、眼線上色

04

用白色色鉛筆替眼白上色。用黑色色鉛筆將眼線、扇形和瞳孔畫深一點，用鈷藍色色鉛筆替扇形外側 1mm 上色。用鈷綠色色鉛筆再畫一次眼珠輪廓線。

∞ 虹膜上色

05

用鈷綠色色鉛筆從眼珠輪廓線往內側畫短線，表現出虹膜。只要塗到寬的一半，但是要輕輕地重複塗好幾次。在鈷藍色線條之間塗滿鈷綠色。

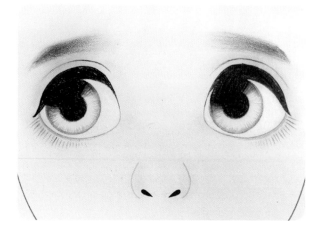

06
用白色色鉛筆從中央往外側方向將虹膜連接
起來。輕輕地重複塗好幾次，將空隙填滿，
還要塗到一開始畫的眼珠輪廓線，顏色才會
混合在一起並形成漸層。用鈷藍色色鉛筆再
塗一次扇形外側。

07
用黑色色鉛筆從瞳孔的中央延伸出 1mm 的
線，好像要和虹膜連接起來的感覺。扇形也
塗上可以好好連接的線條。

∞ **修飾眼睛、嘴唇**

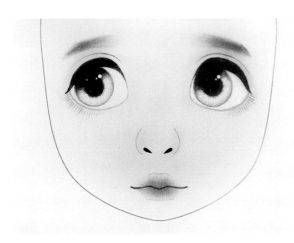

08

用扁平頭水彩筆沾取黑色粉彩,替扇形和瞳孔上色(如果會看到空隙的話,請先噴灑一次保護漆,然後再重複「虹膜上色」的步驟)。利用點珠筆,以斜線方向點出和圖片中一樣的白點。嘴唇內側用玫瑰粉色鉛筆、外側用珊瑚紅色鉛筆畫。

∞ **修飾其他**

09

用淺褐色粉彩加深眉毛、雙眼皮、下眼線的顏色,完成深邃的眼形。用紅色粉彩輕輕地從嘴唇中央上色。用淺粉紅粉彩在眼睛下方畫腮紅,額頭和鼻梁也稍微加上一點顏色,這樣就完成了。

給予幫助的人們

娃娃贊助

FLORARIA：六分娃 銀河

BLOG
blog.naver.com/tlstkdsid7

INSTAGRAM
@doll_floraria

E-MAIL
flora-ria@naver.com
tlstkdsid7@naver.com

BABY RINGO：六分娃 Wendy

BLOG
blog.naver.com/babyringo82

INSTAGRAM
@_babyringo_

RTDOLL：六分娃 Olive

BLOG
blog.naver.com/rtdoll_friends

INSTAGRAM
@r.tdoll_friends

E-MAIL
rtdoll_friends@naver.com

WEBSITE
www.aroomfulloftoys.co.kr

服裝贊助

bingongjou 的 style：針織以外的所有服裝

BLOG
bubbie.blog.me
INSTAGRAM
@bingongjou

針線公主：針織服裝

BLOG
blog.naver.com/bagunies
INSTAGRAM
@neddle_princess

國家圖書館出版品預行編目(CIP)資料

Jia 娃娃改妝課：打造世界上獨一無二、只屬於我的Baby doll / 金志娥
  作；陳采宜翻譯. -- 新北市：北星圖書, 2020.02
    面；　公分
  ISBN 978-957-9559-33-1(平裝)
  1. 洋娃娃　2. 手工藝

426.78   108021269

JIA 娃娃改妝課
打造世界上獨一無二、只屬於我的 Baby doll

作　　者／金志娥

譯　　者／陳采宜

發 行 人／陳偉祥

發　　行／北星圖書事業股份有限公司

地　　址／234 新北市永和區中正路 458 號 B1

電　　話／886-2-29229000

傳　　真／886-2-29229041

網　　址／www.nsbooks.com.tw

E－MAIL／nsbook@nsbooks.com.tw

劃撥帳戶／北星文化事業有限公司

劃撥帳號／50042987

製版印刷／皇甫彩藝印刷股份有限公司

出 版 日／2020 年 2 月

ＩＳＢＮ／978-957-9559-33-1

定　　價／500 元

如有缺頁或裝訂錯誤，請寄回更換。